运载火箭冗余惯组重构及弹道重规划技术

李学锋　徐　帆　周维正　马昊磊　著

科学出版社

北　京

内 容 简 介

本书分析了运载火箭控制系统发展亟待解决的问题，针对运载火箭飞行过程中的惯性器件故障和动力系统故障，提出了冗余惯组重构与弹道重规划技术。全书简要介绍了冗余惯组重构及弹道重规划技术背景，完成了运载火箭动力学与冗余捷联惯组建模，提出了冗余捷联惯组故障辨识、重构以及弹道重规划技术途径，对未来运载火箭控制系统的发展提出了展望。

本书内容简明扼要，理论紧密结合实际，可作为从事运载火箭控制系统分析、设计与验证工作工程技术人员和研究人员的参考书，也可作为导航、制导与控制专业研究生和高年级本科生的参考用书。

图书在版编目(CIP)数据

运载火箭冗余惯组重构及弹道重规划技术 / 李学锋等著. — 北京：科学出版社，2021.3

ISBN 978-7-03-068114-0

Ⅰ. ①运… Ⅱ. ①李… Ⅲ. ①运载火箭－惯性元件－研究②运载火箭－弹道控制－研究 Ⅳ. ①V475.1

中国版本图书馆 CIP 数据核字(2021)第 034930 号

责任编辑：闫 悦 / 责任校对：王萌萌

责任印制：吴兆东 / 封面设计：迷底书装

科学出版社 出版

北京东黄城根北街 16 号

邮政编码：100717

http://www. sciencep. com

北京虎彩文化传播有限公司 印刷

科学出版社发行 各地新华书店经销

*

2021 年 3 月第 一 版 开本：890×1 240 1/32

2021 年 3 月第一次印刷 印张：4 3/4

字数：128 000

定价：109.00 元

(如有印装质量问题，我社负责调换)

前　言

控制系统是运载火箭的大脑和神经中枢，智慧控制是未来火箭所应具备的核心能力。面对未来航天任务多元化、运载火箭结构复杂化的发展趋势，运载火箭必须具备对故障的自主处理能力。如何提升运载火箭的智能化水平，在飞行故障条件下实现控制指令重构，最大限度地确保飞行安全，实现可达任务剖面的最大化，是运载火箭智慧控制系统设计亟须解决的问题。

本书总结了国内外先进运载火箭控制系统的特点，结合航天运载器发射失利的相关案例，重点讨论了惯性器件和动力系统出现故障时的重构方案。当惯性器件发生故障时，充分利用冗余容错多源信息，在线辨识飞行异常与故障状态，实现状态观测器重构；当动力系统发生故障时，进行运载火箭入轨能力的评估，自主决策与快速规划完成不同任务模式的能力构建，最大限度地提高飞行可靠性，确保飞行任务顺利完成。

全书共 5 章。第 1 章简要介绍了运载火箭飞行异常状态下的冗余惯组重构及弹道重规划技术；第 2 章针对运载火箭为主的航天器运动特性及冗余捷联惯组结构进行了建模；第 3 章主要介绍冗余捷联惯组故障辨识方法以及两种故障诊断方法；第 4 章介绍冗余捷联惯组故障后的重构算法，详细讲解了两型常用冗余配置重构策略以及一种新的重构算法；第 5 章介绍了运载火箭弹道重规划技术，采用离线规划与在线规划两种方案完成弹道重规划设计；最后对未来运载火箭控制系统的发展提出了展望。

在本书的编写过程中，参考了部分国内外文献，在此对这些文献的作者表示衷心的感谢。

由于作者水平有限，书中疏漏之处在所难免，恳请读者批评指正。

作　者

2020年11月

目　　录

第 1 章　绪　　论

运载火箭的控制系统是由导航、制导、姿态控制、系统综合等部分组成，是运载火箭的大脑和神经中枢。控制系统的技术水平直接决定了发射任务的成败，同时也对运载能力是否得到最大限度的发挥有着至关重要的作用。智慧控制是未来火箭所应具备的核心能力，其主要体现在状态能监测、故障能识别和处理、风险可化解、能力可评估、任务能规划。运载火箭可以对故障进行自主处理，是提高运载火箭可靠性的有效途径。

在人类航天史上，航天运载器发射失利时有发生。据不完全统计，近 25 年国内外运载火箭共发生故障 130 余起。发生故障的部位多集中在控制系统与动力系统中。

在发射失败案例中，控制系统出现故障而导致火箭发射失败约占 25%，其中有很大一部分是由惯性器件故障导致的。1996 年 2 月 15 日，我国“长征”三号运载火箭点火起飞后，由于惯性导航平台倒塌，向姿态控制系统输入错误的箭体姿态信号，造成飞行失稳，星箭俱毁。2017 年 11 月 28 日，俄罗斯“联盟号”运载火箭执行发射任务，由于惯性陀螺平台控制算法缺陷，导致姿态调整角度过大，超过了惯性平台的姿态适应范围，造成框架锁定，失去惯性导航基准，最终未能进入预定轨道，导致任务发射失利。

由动力系统故障导致火箭发射失败约占 51%。特别是 2016 年以来，动力系统故障造成的飞行失利呈现出增多的趋势。2016 年 9 月 1 日，美国太空探索技术公司(SpaceX)的“猎鹰 9”运载火箭在飞行过程中，第二级发动机液氧储箱中的压力容器发生爆炸，引发二级发动机爆炸，导致任务失败。2016 年 12 月 1 日，俄罗斯“联盟-U”运载火箭由于发动机组装过程中的违规操作，导致三子级液氧泵吸入多余物而起火损坏，造成氧箱破裂，导致任务失败。2017年7月2日，我国“长征”五号运载火箭发射任务中，由于一级发动机推力异常，未达到制导关机条件，关机速度、高度不满足设计要求，导致任务失败。2019年5月23日，我国“长征”四号丙运载火箭三级发动机一次点火正常，但很快三级发动机推力异常下降，导致任务失败。

由此看出，当惯性器件发生故障时，充分利用冗余容错多源信息，在线辨识飞行异常与故障状态，实现状态观测器重构；当动力系统发生故障时，进行运载火箭入轨能力的评估，自主决策与快速规划完成不同任务模式的能力构建，采取弹道重规划及控制重构的应对措施，最大限度地提高飞行可靠性，确保飞行任务顺利完成。

本书的主要内容包含两个方面，即运载火箭惯组故障冗余重构以及动力故障弹道重规划。

1.1 惯组故障冗余重构

惯组是惯性器件组合，是运载火箭控制系统的重要设备之一。本书主要针对捷联惯组讨论。惯组包括陀螺仪和加速度计，提供运载火箭在箭体坐标系下角速度和视加速度的信息，它是否能正常工作直接决定了飞行任务是否成功。

为保证运载火箭能够可靠、正确地完成指定任务，惯组是控制系统冗余容错设计的重点。国内外采用过的典型方案就包括主从双套惯组、三套六表惯组、单套八表惯组、单套十表惯组、单套十二表惯组冗余方案。不同的冗余方案具有不同的特点，要根据不同的配置方式设计专门的冗余信息管理方案。

冗余信息管理方案的核心包括两方面：一是故障检测；二是方案重构。冗余配置就是要保证系统在出现故障情况下，惯组在三正交轴上输出仍然可观测。

1.2 动力故障弹道重规划

动力系统因其复杂的工作环境和苛刻的工作条件，成为整个运载火箭故障中的敏感多发系统，动力系统故障会损失火箭的运载控制能力，最终导致入轨参数超差甚至发生灾难性事故。

在实际任务中，运载火箭动力系统出现故障，偏离原先设计好的标称弹道，继续沿用标称弹道条件下的制导控制方案将难以完成任务。需要对飞行能力进行评估，为保证飞行任务顺利完成，制导控制系统必须根据实际情况进行适应性调整。在一定约束和剩余能力的条件下，可以有两条技术途径进行弹道重规划，即采用离线和在线两种方式。离线要提前考虑不同的故障模式对应的剩余飞行能力，设计不同的备用轨道，结合当前的飞行状态及故障模式，按照火箭的飞行能力和飞行约束情况，切换到与当前能力最为匹配的目标轨道，选用不同的制导和姿控策略，实现具体的飞行任务。在线规划方式需要实时在线评估运载火箭的剩余入轨能力。采用最优在线轨道规划控制技术实现自主、快速规划，动态处理飞行过程约束，并对部分约束条件进行松弛处理，保证在线规划问题有解并收敛，实现燃料消耗最少或时间最短的最优问题在线求解。

未来运载火箭必须具备对故障的自主处理能力，这是进一步提高运载火箭系统可靠性的有效途径。充分利用箭载多源信息，通过惯组故障冗余重构与动力故障弹道重规划，提升运载火箭的智能化水平，从而最大限度地确保飞行安全，实现可达任务剖面的最大化。

第2章　运载火箭动力学及冗余捷联惯组模型

控制系统设计是以控制对象的动力学方程和运动方程为基础进行的。本章以运载火箭作为控制对象，首先定义坐标系，分析作用在运载火箭上的力，建立运动方程，继而分析其动力学特性，为弹道重规划提供基础。考虑零位误差、安装误差及比例因子误差，建立冗余捷联惯组的组合误差模型和数字脉冲式输出模型。分析单表陀螺的噪声模型。针对信息中常见的野值，建立信息可靠度模型。最后提出可重构组合数和最小夹角作为评价系统故障后性能的直观参考指标。

2.1　动力学模型

2.1.1　坐标系系统

在分析与推导运载火箭运动方程时，需要使用多种坐标系，这与方程建立在何种坐标系及定义变量的坐标系有关。本书用到的坐标系定义如下。

定义 2.1（发射点地心赤道坐标系 $O_E\text{-}X_eY_eZ_e$）　坐标原点 O_E 位于地球球体的中心，O_EX_e 轴在地球赤道平面内指向发射点所在子午线，O_EZ_e 轴为地球自转轴指向北极，$O_EX_eY_e$ 平面为赤道平面，O_EY_e 轴根据右手规则确定。

定义 2.2（发射点地心赤道惯性坐标系 $O_E\text{-}X_iY_iZ_i$）　将发射点地心赤道坐标系 $O_E\text{-}X_eY_eZ_e$ 于某时刻固化在惯性空间，则构成此坐标系。

定义 2.3（发射点重力坐标系 $O_l\text{-}X_lY_lZ_l$）　坐标原点与发射点 O_l

固连，O_lY_l 轴沿发射点重力反方向指向地表外，O_lY_l 向地心方向的延长线不通过地心 O_E，而是在子午面内与地球轴线交于 O'_E，它与赤道面的夹角 B 称为发射点的地理纬度。O_lX_l 轴与 O_lY_l 轴垂直并指向发射方向，O_lX_l 轴与发射点子午面的夹角 A 为发射方位角，夹角 A 向东为正；反之为负。O_lZ_l 轴根据右手规则确定。

定义 2.4（发射惯性坐标系 O_a-$X_aY_aZ_a$）　飞行器起飞瞬间，原点 O_a 与发射点重合，各坐标轴与发射坐标系各轴相重合。飞行器起飞后点 O_a 及坐标系各轴方向固化在惯性空间。

定义 2.5（箭体坐标系 O-$X_bY_bZ_b$）　原点 O 在飞行器的质心上，OX_b 轴与箭体纵轴重合，指向头部为正。OY_b 轴在箭体纵向对称平面内，垂直于 OX_b 轴，向上为正。OZ_b 轴垂直于 OX_bY_b 平面，方向根据右手规则确定。此坐标系与箭体固联，是动坐标系。

定义 2.6（速度坐标系 O-$X_3Y_3Z_3$）　原点 O 在飞行器的质心上，OX_3 轴与速度矢量重合。OY_3 轴位于箭体纵向对称面内，与 OX_3 轴垂直，向上为正。OZ_3 轴垂直于 OX_3Y_3 平面，方向按右手规则确定。此坐标系与火箭速度矢量固联，是动坐标系。

定义 2.7（轨道坐标系 O_E-$X_oY_oZ_o$）　原点 O_E 位于地球质心，基本平面为轨道面，O_EX_o 轴指向近地点，O_EY_o 轴沿半通径方向，O_EZ_o 轴根据右手规则确定。

在推导飞行器运动方程时，需要将各个坐标系下的力转换到统一的坐标系。在描述坐标系之间的转换关系时，常采用欧拉角方法。在进行坐标系转换时会使用到基元矩阵，下面给出基元矩阵的定义。

绕 X 轴转动 γ 角度的基元矩阵 $\boldsymbol{M}_1$ 为

$$\boldsymbol{M}_1(\gamma)=\begin{pmatrix}1 & 0 & 0\\ 0 & \cos\gamma & \sin\gamma\\ 0 & -\sin\gamma & \cos\gamma\end{pmatrix} \tag{2-1}$$

绕 Y 轴转动 ψ 角度的基元矩阵 $\boldsymbol{M}_2$ 为

$$
\boldsymbol{M}_2(\psi)=\begin{pmatrix}\cos\psi & 0 & -\sin\psi\\ 0 & 1 & 0\\ \sin\psi & 0 & \cos\psi\end{pmatrix} \tag{2-2}
$$

绕 Z 轴转动 φ 角度的基元矩阵 $\boldsymbol{M}_3$ 为

$$
\boldsymbol{M}_3(\varphi)=\begin{pmatrix}\cos\varphi & \sin\varphi & 0\\ -\sin\varphi & \cos\varphi & 0\\ 0 & 0 & 1\end{pmatrix} \tag{2-3}
$$

在发射任务中采用垂直发射，下面给出常用坐标系之间的转换关系。

(1) 发射点地心赤道惯性坐标系与轨道坐标系之间的变换矩阵为

$$
\boldsymbol{A}_i^o=\boldsymbol{M}_3(\omega)\cdot\boldsymbol{M}_1(i)\cdot\boldsymbol{M}_3(\varOmega) \tag{2-4}
$$

坐标转换可由轨道倾角 i、升交点赤经 $\varOmega$ 和近地点幅角 ω 来确定。

(2) 发射点重力坐标系与发射点地心赤道坐标系的转换矩阵为

$$
\boldsymbol{A}_l^e=\boldsymbol{M}_2(90°)\cdot\boldsymbol{M}_1(90°)\cdot\boldsymbol{M}_3(B)\cdot\boldsymbol{M}_2(A) \tag{2-5}
$$

其中，A 为发射方位角；B 为发射点的地理纬度。

(3) 发射惯性坐标系与发射点重力坐标系的转换矩阵为

$$
\boldsymbol{A}_a^l=\boldsymbol{M}_2^{\mathrm{T}}(A)\cdot\boldsymbol{M}_3^{\mathrm{T}}(B)\cdot\boldsymbol{M}_1(\omega_{\mathrm{E}}t)\cdot\boldsymbol{M}_3(B)\cdot\boldsymbol{M}_2(A) \tag{2-6}
$$

其中，ω_{E} 为地球自转角速度；t 为发射后经过的时间。

(4) 发射惯性坐标系与箭体坐标系的转换矩阵为

$$
\boldsymbol{A}_a^b=\boldsymbol{M}_1(\gamma)\cdot\boldsymbol{M}_2(\psi)\cdot\boldsymbol{M}_3(\varphi) \tag{2-7}
$$

坐标转换可用 3 个姿态角来确定，它们分别为俯仰角 φ、偏航角 ψ、滚转角 γ，这 3 个角度称为姿态欧拉角。

俯仰角 φ：火箭的纵轴 OX_b 与水平面之间的夹角，若火箭纵轴在水平面之上，则俯仰角 φ 为正；反之为负。

偏航角 ψ：火箭的纵轴 OX_b 在水平面上的投影与发射惯性坐标

系 O_aX_a 轴之间的夹角，由 O_aX_a 轴逆时针方向转至火箭纵轴的投影线时，偏航角 ψ 为正；反之为负。

滚转角 γ：火箭的 OY_b 轴与包含箭体纵轴 OX_b 的铅垂平面之间的夹角，从箭体尾部顺着 OX_b 轴往前看，若 OY_b 轴位于铅垂平面的右侧，则滚转角 γ 为正；反之为负。

借助姿态欧拉角可以推导出发射惯性坐标系 $O_a\text{-}X_aY_aZ_a$ 到箭体坐标系 $O\text{-}X_bY_bZ_b$ 的变换矩阵 $\boldsymbol{A}_a^b$。在本书中采用“3-2-1”的转换顺序，如图 2-1 所示。

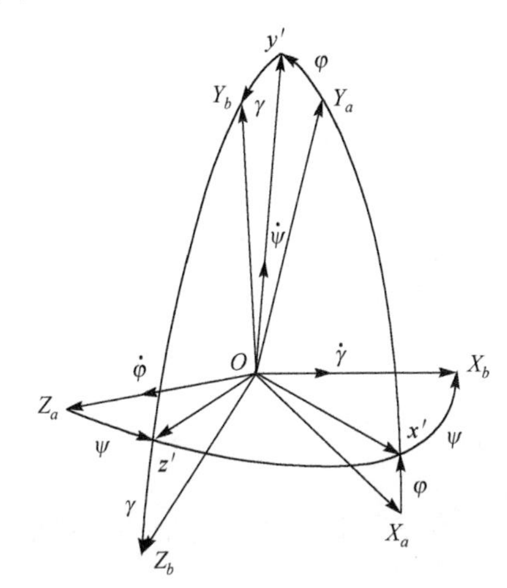

图 2-1　发射惯性坐标系与箭体坐标系的转换

(5) 速度坐标系与箭体坐标系之间的转换矩阵为

$$\boldsymbol{A}_3^b=\boldsymbol{M}_3(\alpha)\boldsymbol{M}_2(\beta)=\begin{pmatrix}\cos\alpha\cos\beta & \sin\alpha & -\cos\alpha\sin\beta\\ -\sin\alpha\cos\beta & \cos\alpha & \sin\alpha\sin\beta\\ \sin\beta & 0 & \cos\beta\end{pmatrix}\tag{2-8}$$

坐标转换可由攻角 α 和侧滑角 β 来确定。

攻角 α：速度矢量 $\boldsymbol{v}$ 在纵向对称平面上的投影与纵轴 OX_b 的夹角，当纵轴位于投影线的上方时攻角 α 为正；反之为负。

侧滑角 β：速度矢量 $\boldsymbol{v}$ 与纵向对称平面之间的夹角，若来流从右侧(沿飞行方向观察)流向箭体，则所对应的侧滑角 β 为正；反之为负。

箭体坐标系 $O\text{-}X_bY_bZ_b$ 相对于速度坐标系 $O\text{-}X_3Y_3Z_3$ 的方位，完全由攻角 α 和侧滑角 β 来确定，其转换关系如图 2-2 所示。

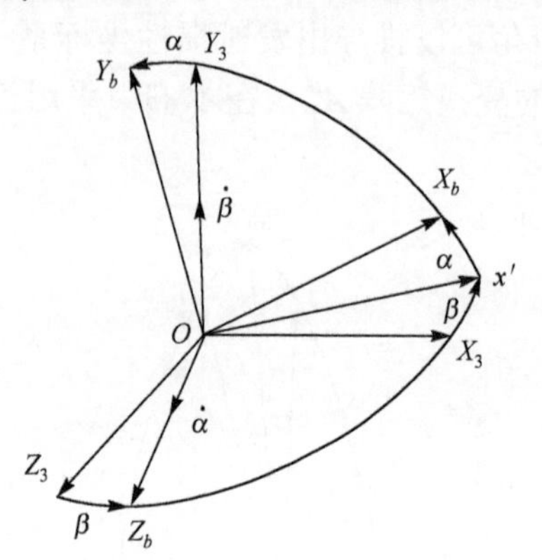

图 2-2 速度坐标系与箭体坐标系的转换

2.1.2 力学模型

在建立火箭动力学方程时，主要考虑的力包括引力、推力、气动力。

1. 地球引力

由地球自转而引起的离心惯性力比地心引力的量值小得多，在进行火箭动力学建模时可以忽略。将地球视为一均质球体，可把地球质量 M 看作集中于地心，则距地心为 r 的一单位质点所受的引力可通过引力场来表示，场外一单位质点所受到该力场的作用力称为场强，记为 F。场强 F 与该质点在此力场中所具有的势函数 U 有如下关系：

$$F = \mathrm{grad}U \tag{2-9}$$

对于引力场而言，$U=\dfrac{GM}{r}$，G 为万有引力常数。记 $\mu=GM=3.986\times10^{14}\,\mathrm{m^3/s^2}$，称为地球引力常数。由式(2-9)可得距球心为 r 处一单位质点的引力场强为

$$\boldsymbol{g}=-\frac{\mu}{r^3}\boldsymbol{r} \tag{2-10}$$

若地球外一质点具有的质量为 m，则地球对该质点的引力即为

$$\boldsymbol{F}_{\mathrm{G}}=m\boldsymbol{g}=-\frac{m\mu}{r^3}\boldsymbol{r} \tag{2-11}$$

2. 发动机推力

为方便进行分析和设计，近似假定发动机的推力 $\boldsymbol{T}$ 与箭体纵轴 OX_b 重合。利用火箭发动机参数，计算发动机推力为

$$\boldsymbol{T}=\dot{m}_0\cdot g_0\cdot(I_{\mathrm{sp}}+\delta I_{\mathrm{sp}})+[S_{\mathrm{PG}}\cdot p_0+\delta(S_{\mathrm{PG}}\cdot p_0)]\left(1-\frac{p}{p_0}\right) \tag{2-12}$$

式中，$\dot{m}_0$ 为推进剂的秒耗量；g_0 为海平面的重力加速度大小；I_{sp} 为推进剂的地面额定比冲；δI_{sp} 为比冲偏差；S_{PG} 为发动机尾喷管截面积；$S_{\mathrm{PG}}\cdot p_0+\delta(S_{\mathrm{PG}}\cdot p_0)$ 表示推力高度特性；p 为飞行器所在高度的大气压强；p_0 为海平面大气压强。

3. 气动力

空气动力的大小与气流相对于箭体的方位有关。其相对方位可用速度坐标系和箭体坐标系之间的攻角 α 和侧滑角 β 来确定。习惯上，常把作用在运载火箭上的空气动力 $\boldsymbol{F}_{\mathrm{Aero}}$ 沿速度坐标系分解成 3 个分量来进行研究：

$$\boldsymbol{F}_{\mathrm{Aero}}=-\boldsymbol{F}_{\mathrm{D}}+\boldsymbol{F}_{\mathrm{L}}+\boldsymbol{F}_{\mathrm{S}} \tag{2-13}$$

这 3 个分量分别称之为阻力 F_{D}(沿 OX_3 轴负向定义为正)、升力 F_{L}(沿 OY_3 轴正向定义为正)和侧向力 F_{S}(沿 OZ_3 轴正向定义为正)。

对于阻力，其数值大小可以表示为

$$F_{\mathrm{D}}=\frac{1}{2}C_{\mathrm{D}}S\rho v_{\mathrm{re}}^{2} \tag{2-14}$$

式中，C_{D}为阻力系数，由飞行马赫数、攻角和侧滑角确定；S为气动参考面积；ρ为大气密度；v_{re}为火箭相对于大气的速度。

阻力F_{D}通常分成两部分：与升力无关的部分称为零升阻力(即升力为零时的阻力)；另一部分取决于升力的大小，称为诱导阻力。空气阻力系数可以表示为

$$C_{\mathrm{D}}=C_{\mathrm{D0}}+C_{\mathrm{D}i} \tag{2-15}$$

式中，C_{D0}为零升阻力系数，$C_{\mathrm{D}i}$为诱导阻力系数。当有侧向力时，与侧向力大小有关的那部分阻力也是诱导阻力。影响诱导阻力的因素与影响升力和侧向力的因素相同。在火箭气动布局和外形尺寸给定的情况下，阻力随着火箭的速度、攻角和侧滑角的增大而增大。但随着飞行高度的增加，阻力将减小。

升力和侧向力的大小可同理求得：

$$F_{\mathrm{L}}=\frac{1}{2}C_{\mathrm{L}}S\rho v_{\mathrm{re}}^{2} \tag{2-16}$$

$$F_{\mathrm{S}}=\frac{1}{2}C_{\mathrm{S}}S\rho v_{\mathrm{re}}^{2} \tag{2-17}$$

式中，C_{L}、C_{S}分别为升力系数和侧向力系数，对于气动外形轴对称的火箭而言，升力气动系数可以近似表示为

$$C_{\mathrm{L}}\approx C_{\mathrm{L}}^{\alpha}\alpha \tag{2-18}$$

式中，C_{L}^{α}为升力系数对攻角的偏导数，又称为升力线斜率，表示攻角变化单位角度时升力系数的变化。

侧向力F_{S}是由气流不对称地流过火箭纵向对称面的两侧而引起的。对于轴对称运载火箭，若把箭体绕纵轴转过90°，这时的β角就相当于原来的α角。所以轴对称火箭的侧向力系数的计算方法与升力系数相同。

2.1.3　质心动力学与运动学方程

在发射点地心赤道惯性坐标系 O_{E}-$X_iY_iZ_i$（下文中简称“地心惯性坐标系”）中描述火箭的质心运动方程，假设火箭发动机推力方向始终沿着体轴方向，并忽略附加哥氏力。考虑空气动力影响的条件下，忽略推力高度特性与比冲偏差，根据牛顿第二定律，运载火箭在地心惯性坐标系中的运动方程为

$$\begin{cases}\dfrac{\mathrm{d}\boldsymbol{r}(t)}{\mathrm{d}t}=\boldsymbol{v}(t)\\ \dfrac{\mathrm{d}\boldsymbol{v}(t)}{\mathrm{d}t}=-\dfrac{\mu}{[r(t)]^3}\boldsymbol{r}(t)+\dfrac{\boldsymbol{T}(t)}{m(t)}+\dfrac{\boldsymbol{F}_{\mathrm{Aero}}}{m(t)}\\ \dfrac{\mathrm{d}m(t)}{\mathrm{d}t}=-\dfrac{T(t)}{g_0\cdot I_{\mathrm{sp}}}\end{cases}\tag{2-19}$$

式中，m 为飞行器质量；μ 为引力系数；$\boldsymbol{r}=[r_x, r_y, r_z]^{\mathrm{T}}$ 为飞行器的位移矢量；$\boldsymbol{v}=[v_x, v_y, v_z]^{\mathrm{T}}$ 为速度矢量；$\boldsymbol{T}=[T_x, T_y, T_z]^{\mathrm{T}}$ 为发动机推力矢量；T 为发动机推力大小；$\boldsymbol{F}_{\mathrm{Aero}}$ 为空气动力矢量。

当飞行任务在大气层之外完成时，可以忽略大气压强和空气动力的影响。在地心惯性坐标系中的运动方程可以简化为

$$\begin{cases}\dfrac{\mathrm{d}\boldsymbol{r}(t)}{\mathrm{d}t}=\boldsymbol{v}(t)\\ \dfrac{\mathrm{d}\boldsymbol{v}(t)}{\mathrm{d}t}=-\dfrac{\mu}{[r(t)]^3}\boldsymbol{r}(t)+\dfrac{\boldsymbol{T}(t)}{m(t)}\\ \dfrac{\mathrm{d}m(t)}{\mathrm{d}t}=-\dfrac{T(t)}{g_0\cdot I_{\mathrm{sp}}}\end{cases}\tag{2-20}$$

2.1.4　轨道描述

运载火箭的位置、速度信息除采用质心运动学方程表示外，还可以采用轨道根数的方式表示。二体轨道是以中心天体为焦点的圆

锥曲线，本书主要讨论椭圆轨道(包括圆轨道)的任务入轨问题。对于椭圆轨道，与位置和速度矢量相对应的 6 个轨道根数为轨道半长轴 a、轨道偏心率 e、轨道倾角 i、升交点赤经 Ω、近地点幅角 ω、真近点角 f。其中，半长轴 a 和偏心率 e 确定轨道的大小和形状，轨道倾角 i 和升交点赤经 Ω 确定轨道面的空间方位，近地点幅角 ω 确定拱线在轨道平面内的指向，真近点角 f 确定飞行器在轨道上的位置。

椭圆轨道的引力中心位于焦点 F 上，虚焦点 F' 没有物理意义。两个焦点间的距离称为焦距，以 $2c$ 表示；通过两个焦点的弦长称为长轴，以 $2a$ 表示；通过焦点且与长轴垂直的弦长称为通径，以 $2p$ 表示，如图 2-3 所示。

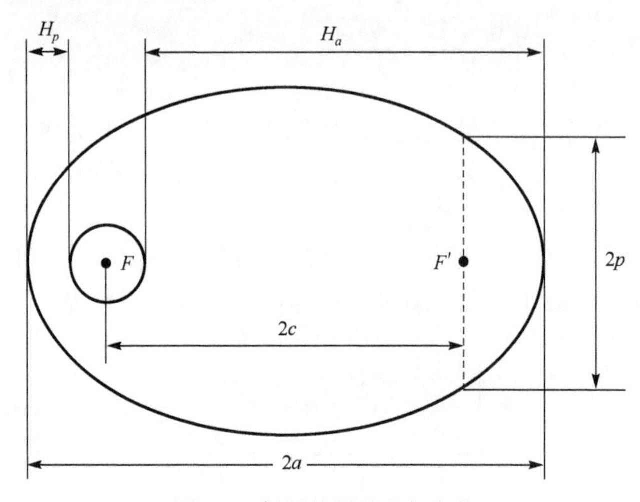

图 2-3　椭圆轨道的几何参数

对于椭圆轨道，偏心率即为两焦点间的距离和长轴长度的比值：

$$e = \frac{c}{a} \tag{2-21}$$

当偏心率等于 0 时，轨道将变为圆轨道，圆轨道的引力中心位于圆心。椭圆曲线的两个端点称为拱点，离焦点近的称为近地点，离焦点远的称为远地点。在描述入轨任务时，也可以采用近地点高度 H_p 与远地点高度 H_a，替代半长轴 a 与偏心率 e 来描述的椭圆轨道的几何参数：

$$H_p = \frac{p}{1+e} - R_E \tag{2-22}$$

$$H_a = \frac{p}{1-e} - R_E \tag{2-23}$$

式中，R_E 为平均地球半径。

椭圆轨道根数的空间描述如图 2-4 所示。本书中轨道倾角 i 定义为升交点处由赤道面逆时针旋转至轨道平面的角度；地心惯性坐标系的 $O_E X_i$ 轴指向升交点赤经的参考点，升交点赤经 Ω 由参考点沿逆时针方向旋转为正；近地点幅角 ω 与真近点角 f 由升交点沿飞行器运动方向旋转为正。

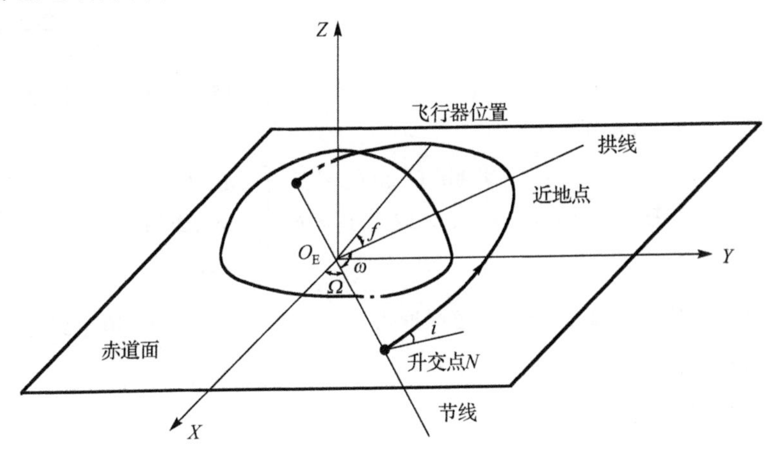

图 2-4　椭圆轨道的空间描述

2.1.5　特征轨道参数

1. 轨道动量矩

飞行器在中心引力场轨道上无动力运行时，存在保持不变的特

征轨道参数，可以由此描述目标轨道的约束条件。根据飞行器运动方程可得

$$\frac{\mathrm{d}^2\boldsymbol{r}}{\mathrm{d}t^2}+\frac{\mu}{r^3}\boldsymbol{r}=0 \tag{2-24}$$

用位置矢量 $\boldsymbol{r}$ 叉乘式(2-24)，可得

$$\boldsymbol{r}\times\frac{\mathrm{d}^2\boldsymbol{r}}{\mathrm{d}t^2}+\frac{\mu}{r^3}\boldsymbol{r}\times\boldsymbol{r}=\boldsymbol{r}\times\frac{\mathrm{d}^2\boldsymbol{r}}{\mathrm{d}t^2}=0 \tag{2-25}$$

根据矢量微分法则，可得

$$\frac{\mathrm{d}}{\mathrm{d}t}\left(\frac{\mathrm{d}\boldsymbol{r}}{\mathrm{d}t}\times\boldsymbol{r}\right)=\frac{\mathrm{d}\boldsymbol{r}}{\mathrm{d}t}\times\frac{\mathrm{d}\boldsymbol{r}}{\mathrm{d}t}+\boldsymbol{r}\times\frac{\mathrm{d}^2\boldsymbol{r}}{\mathrm{d}t^2}=\boldsymbol{r}\times\frac{\mathrm{d}^2\boldsymbol{r}}{\mathrm{d}t^2} \tag{2-26}$$

联立式(2-25)和式(2-26)可得

$$\frac{\mathrm{d}}{\mathrm{d}t}\left(\frac{\mathrm{d}\boldsymbol{r}}{\mathrm{d}t}\times\boldsymbol{r}\right)=\frac{\mathrm{d}}{\mathrm{d}t}(\boldsymbol{v}\times\boldsymbol{r})=0 \tag{2-27}$$

由此可得飞行器在目标轨道上无动力运行时的动量矩，即优化问题的终端动量矩约束为

$$\boldsymbol{H}=\boldsymbol{r}\times\boldsymbol{v}=r\cdot v\cdot\begin{bmatrix}\sin\Omega\sin i\\-\cos\Omega\sin i\\\cos i\end{bmatrix}=H\cdot\begin{bmatrix}\sin\Omega\sin i\\-\cos\Omega\sin i\\\cos i\end{bmatrix} \tag{2-28}$$

式中，$\boldsymbol{r}$ 表示位置矢量；$\boldsymbol{v}$ 表示速度矢量；i 表示轨道倾角；Ω 表示升交点赤经。

2. 轨道积分矢量

将方程(2-24)与动量矩 $\boldsymbol{H}$ 进行叉乘运算，可得

$$\left(\frac{\mathrm{d}^2\boldsymbol{r}}{\mathrm{d}t^2}+\frac{\mu}{r^3}\boldsymbol{r}\right)\times\boldsymbol{H}=\frac{\mathrm{d}^2\boldsymbol{r}}{\mathrm{d}t^2}\times\boldsymbol{H}+\frac{\mu}{r^3}\boldsymbol{r}\times\boldsymbol{H}=0 \tag{2-29}$$

根据矢量三重叉乘法则，可得

$$\boldsymbol{r}\times\boldsymbol{H}=\boldsymbol{r}\times(\boldsymbol{r}\times\boldsymbol{v})=(\boldsymbol{r}\cdot\boldsymbol{v})\boldsymbol{r}-(\boldsymbol{r}\cdot\boldsymbol{r})\boldsymbol{v}=rv\boldsymbol{r}-r^2\boldsymbol{v} \tag{2-30}$$

将式(2-30)代入式(2-29)，可得

$$\frac{\mathrm{d}\boldsymbol{v}}{\mathrm{d}t}\times\boldsymbol{H}=-\left(\frac{\mu}{r^3}\boldsymbol{r}\times\boldsymbol{H}\right)=\frac{\mu}{r^3}(r^2\boldsymbol{v}-rv\boldsymbol{r})=\mu\left(\frac{r\boldsymbol{v}-v\boldsymbol{r}}{r^2}\right)=\mu\frac{\mathrm{d}}{\mathrm{d}t}\left(\frac{\boldsymbol{r}}{r}\right) \tag{2-31}$$

对式(2-31)求积分，可得

$$\boldsymbol{v}\times\boldsymbol{H}=\frac{\mu}{r}(\boldsymbol{r}+r\boldsymbol{c}) \tag{2-32}$$

式中，$\boldsymbol{c}$ 为积分常矢量，由此可得飞行器在目标轨道上无动力运行时的轨道积分矢量：

$$\boldsymbol{C}=\boldsymbol{v}\times\boldsymbol{H}-\frac{\mu}{r}\boldsymbol{r} \tag{2-33}$$

在圆轨道上运行时，目标轨道积分矢量为 $\mathbf{0}$。

3. 轨道机械能

将速度矢量与方程(2-24)进行点乘运算，可得

$$\frac{\mathrm{d}\boldsymbol{r}}{\mathrm{d}t}\cdot\frac{\mathrm{d}^2\boldsymbol{r}}{\mathrm{d}t^2}+\frac{\mu}{r^3}\cdot\frac{\mathrm{d}\boldsymbol{r}}{\mathrm{d}t}\cdot\boldsymbol{r}=\frac{\mathrm{d}}{\mathrm{d}t}\left(\frac{1}{2}\cdot\frac{\mathrm{d}\boldsymbol{r}}{\mathrm{d}t}\cdot\frac{\mathrm{d}\boldsymbol{r}}{\mathrm{d}t}-\frac{\mu}{r}\right)=0 \tag{2-34}$$

对式(2-34)积分可得飞行器在目标轨道无动力运行时的机械能，即

$$E=\frac{1}{2}v^2-\frac{\mu}{r} \tag{2-35}$$

将飞行器的速度在极坐标系中分解为径向速度与周向速度，可以表示为

$$v^2=v_r^2+v_f^2=(\dot{r})^2+(r\dot{f})^2 \tag{2-36}$$

式中，v_r 为径向速度，v_f 为周向速度，$\dot{f}$ 表示角速度。根据角速度的定义可得

$$\dot{f}=\frac{v}{r}=\frac{H}{r^2} \tag{2-37}$$

过椭圆焦点且垂直于长轴的弦称为通径，通径的半值即半通径，为

$$p = a(1-e^2) = \frac{H^2}{\mu} \tag{2-38}$$

椭圆轨道的圆锥曲线方程可以采用半通径 p 来表示：

$$r = \frac{p}{1+e\cos f} \tag{2-39}$$

对式(2-39)求导可得

$$\dot{r} = \frac{r^2}{p} \cdot e \cdot \sin f \cdot \dot{f} \tag{2-40}$$

将式(2-37)代入式(2-40)可得径向速度为

$$v_r = \dot{r} = \frac{H}{p} \cdot e \cdot \sin f = \frac{\mu}{H} \cdot e \cdot \sin f \tag{2-41}$$

同时，由式(2-37)、式(2-39)可得周向速度：

$$v_f = r \cdot \dot{f} = \frac{H}{r} = \frac{H}{p}(1+e\cos f) = \frac{\mu}{H}(1+e\cos f) \tag{2-42}$$

将式(2-41)、式(2-42)代入式(2-36)，可得

$$v^2 = \left(\frac{H}{p}\right)^2 (1 + 2 \cdot e \cdot \cos f + e^2) \tag{2-43}$$

考虑到确定的目标轨道满足机械能守恒，可取特殊点 $f = \pi/2$，代入式(2-39)与式(2-43)，可得

$$\begin{cases} r = p \\ v^2 = \left(\dfrac{H}{p}\right)^2 (1+e^2) = \dfrac{\mu}{p}(1+e^2) \end{cases} \tag{2-44}$$

将式(2-44)代入式(2-35)可得轨道能量方程为

$$E=\frac{1}{2}v^2-\frac{\mu}{r}=-\frac{\mu}{2p}(1-e^2)=-\frac{\mu}{2a} \tag{2-45}$$

式中，a 为目标轨道的半长轴(圆轨道为目标轨道半径)。当在圆轨道上运行时，其能量方程满足

$$rv^2=\mu \tag{2-46}$$

2.2　冗余捷联惯组建模与分析

冗余捷联惯组实质上是多传感器观测系统，因此可采用多传感器的分析模型，一般采用仅含白噪声项的多传感器量测方程表示，即

$$\boldsymbol{Z}=\boldsymbol{HX}+\boldsymbol{\varepsilon} \tag{2-47}$$

式中，$\boldsymbol{X}\in\mathbf{R}^{3\times1}$ 是待测的三轴惯性状态信息在体坐标系的投影(三轴视加速度或三轴角速度)；$\boldsymbol{Z}\in\mathbf{R}^{n\times1}$ 是 n 个传感器的测量信息；$\boldsymbol{H}\in\mathbf{R}^{n\times3}$ 是冗余捷联惯组的测量配置矩阵，rank($\boldsymbol{H}$)=3；$\boldsymbol{\varepsilon}\in\mathbf{R}^{n\times1}$ 是 n 个传感器的噪声信息。

目前文献分析中均假设 $\boldsymbol{\varepsilon}$ 是高斯白噪声，其满足如下统计特性：

$$\begin{cases}E\{\boldsymbol{\varepsilon}\}=\boldsymbol{0}\\ E\{\boldsymbol{\varepsilon}\boldsymbol{\varepsilon}^{\mathrm{T}}\}=\sigma^2\boldsymbol{I}\end{cases} \tag{2-48}$$

式中，σ^2 是噪声方差。

根据最小二乘估计，可得三轴惯性状态信息的最优估计为

$$\hat{\boldsymbol{X}}=(\boldsymbol{H}^{\mathrm{T}}\boldsymbol{H})^{-1}\boldsymbol{H}^{\mathrm{T}}\boldsymbol{Z} \tag{2-49}$$

当存在故障的情况下，引入故障向量 $\boldsymbol{b}_f$，有

$$\boldsymbol{Z}=\boldsymbol{HX}+\boldsymbol{b}_f+\boldsymbol{\varepsilon} \tag{2-50}$$

式中，$\boldsymbol{b}_f\in\mathbf{R}^{n\times1}$ 为对应的故障传感器的元不为零，其他元均为零。

从式(2-47)～式(2-50)可以看出，目前分析模型中有以下几点不足。

(1) 白噪声的假设过于理想，以应用较多的光纤陀螺为例，光纤陀螺(fiber optic gyroscope，FOG)性能主要受常值漂移及随机漂移的影响，其中常值漂移影响 FOG 的长期性能，可以通过漂移补偿计算消除。随机漂移是一种宽带噪声，可以描述为一阶马尔可夫过程。

(2) 没有考虑异方差和相关性，式(2-48)中假设各传感器精度一致，在实际应用中，越来越多的冗余配置选择高、低精度传感器搭配组合。同时，由于共同的工作环境影响，传感器测量存在一定相关性，目前的文献中缺少了这方面的分析。

(3) 故障仅表示为线性加性故障，不能充分表示实际遇到的故障类型，因此以加性故障为假设的故障诊断算法有其局限性。

考虑各陀螺量测噪声存在异方差和相关性，设 $\sigma_{ij}^2 = E\{\varepsilon_i \varepsilon_j\}$，$\boldsymbol{\Sigma}$ 是联合协方差矩阵，则有

$$\boldsymbol{\Sigma} = \begin{bmatrix} \sigma_1^2 & \sigma_{12}^2 & \cdots & \sigma_{1n}^2 \\ \sigma_{21}^2 & \sigma_2^2 & \cdots & \sigma_{2n}^2 \\ \vdots & \vdots & & \vdots \\ \sigma_{n1}^2 & \sigma_{n2}^2 & \cdots & \sigma_n^2 \end{bmatrix} \tag{2-51}$$

可知协方差阵是实对称矩阵，假设已经对协方差阵进行了精确建模且矩阵是正定的，存在马尔可夫变换：

$$\boldsymbol{v} = \boldsymbol{\Sigma}^{-1/2} \boldsymbol{\varepsilon} \tag{2-52}$$

则变化后的噪声 $\boldsymbol{v}$ 的协方差阵为

$$E(\boldsymbol{v}\boldsymbol{v}^{\mathrm{T}}) = E(\boldsymbol{\Sigma}^{-1/2} \boldsymbol{\varepsilon}\boldsymbol{\varepsilon}^{\mathrm{T}} \boldsymbol{\Sigma}^{-1/2}) = \boldsymbol{\Sigma}^{-1/2} \boldsymbol{\Sigma} \boldsymbol{\Sigma}^{-1/2} = \boldsymbol{I} \tag{2-53}$$

通过式(2-53)可知，经过马尔可夫变换后的多传感器噪声方差相等且互不相关，将基础量测模型式(2-47)两边同时乘以 $\boldsymbol{\Sigma}^{-1/2}$，有

$$\boldsymbol{Z}_1 = \boldsymbol{H}_1 \boldsymbol{X} + \boldsymbol{v} \tag{2-54}$$

式中，$\boldsymbol{Z}_1 = \boldsymbol{\Sigma}^{-1/2} \boldsymbol{Z}$，$\boldsymbol{H}_1 = \boldsymbol{\Sigma}^{-1/2} \boldsymbol{H}$。

最优估计为

$$\hat{\boldsymbol{\omega}} = (\boldsymbol{H}_1^{\mathrm{T}} \boldsymbol{H}_1)^{-1} \boldsymbol{H}_1^{\mathrm{T}} \boldsymbol{Z}_1 \tag{2-55}$$

定义 $\boldsymbol{M}$ 为

$$\boldsymbol{M} = \boldsymbol{H}_1 \boldsymbol{H}_1^{\mathrm{T}} \tag{2-56}$$

可知 $\boldsymbol{M}$ 是实对称矩阵，即

$$\boldsymbol{M} = \begin{bmatrix} 1 & \cos < h_1, h_2 > & \cdots & \cos < h_1, h_n > \\ \cos < h_2, h_1 > & 1 & \cdots & \cos < h_2, h_n > \\ \vdots & \vdots & & \vdots \\ \cos < h_n, h_1 > & \cos < h_n, h_2 > & \cdots & 1 \end{bmatrix} \tag{2-57}$$

式中，$\boldsymbol{H}_1 = \begin{bmatrix} h_1 \\ h_2 \\ \vdots \\ h_n \end{bmatrix}$，$\cos < h_i, h_j >$ 表示传感器 i 和传感器 j 敏感方向之间的夹角。

$\boldsymbol{M}$ 阵反映了各传感器测量值之间的相关性，由于 $\boldsymbol{M}$ 是实对称矩阵，即 $\boldsymbol{M}$ 是正规矩阵，则存在酉矩阵 $\boldsymbol{U}$ 使其酉相似于对角矩阵 $\boldsymbol{\Lambda}$：

$$\boldsymbol{\Lambda} = \boldsymbol{U}\boldsymbol{M}\boldsymbol{U}^{\mathrm{H}} \tag{2-58}$$

由于 $\boldsymbol{H}_{n\times 3}$ 阵秩为 3，则可知 $\boldsymbol{M}$ 阵秩为 3，则 $\boldsymbol{\Lambda}_{n\times n}$ 阵的形式为

$$\boldsymbol{\Lambda} = \begin{bmatrix} \lambda_1 & & & & & \\ & \lambda_2 & & & & \\ & & \lambda_3 & & & \\ & & & 0 & & \\ & & & & \ddots & \\ & & & & & 0 \end{bmatrix} \tag{2-59}$$

由于对角矩阵 $\boldsymbol{\Lambda}$ 秩为 3，在式(2-54)量测方差两边同时乘酉矩阵 $\boldsymbol{U}^{\mathrm{H}}$，得

$$\boldsymbol{Z}_2 = \boldsymbol{H}_2 \boldsymbol{X} + \boldsymbol{v}_2 \tag{2-60}$$

式中，$\boldsymbol{Z}_2=\boldsymbol{U}^{\mathrm{H}}\boldsymbol{Z}_1$，$\boldsymbol{H}_2=\boldsymbol{U}^{\mathrm{H}}\boldsymbol{H}_1$，$\boldsymbol{v}_2=\boldsymbol{U}^{\mathrm{H}}\boldsymbol{v}$。

变化后的噪声 $\boldsymbol{v}_2$ 的协方差阵为

$$E(\boldsymbol{v}_2\boldsymbol{v}_2^{\mathrm{T}})=E(\boldsymbol{U}^{\mathrm{H}}\boldsymbol{v}\boldsymbol{v}^{\mathrm{T}}\boldsymbol{U})=\boldsymbol{I} \tag{2-61}$$

通过式(2-61)可知，经过酉变换后的多传感器噪声性质不变，仍然是同方差不相关。变换后的量测矢量 $\boldsymbol{Z}_2$ 为

$$\begin{cases}\boldsymbol{Z}_2=\begin{bmatrix}\hat{\boldsymbol{Z}}_2\\ \tilde{\boldsymbol{Z}}_2\end{bmatrix}\\ \boldsymbol{H}_2=\begin{bmatrix}\hat{\boldsymbol{H}}_2\\ \tilde{\boldsymbol{H}}_2\end{bmatrix}\end{cases} \tag{2-62}$$

则可直接计算三正交轴待测值为

$$\hat{\boldsymbol{X}}=\hat{\boldsymbol{H}}_2^{-1}\hat{\boldsymbol{Z}}_2 \tag{2-63}$$

酉变换不改变估计值，有

$$(\boldsymbol{H}_1^{\mathrm{T}}\boldsymbol{H}_1)^{-1}\boldsymbol{H}_1^{\mathrm{T}}\boldsymbol{Z}_1=(\boldsymbol{H}_2^{\mathrm{T}}\boldsymbol{H}_2)^{-1}\boldsymbol{H}_2^{\mathrm{T}}\boldsymbol{Z}_2$$

$$\begin{aligned}(\boldsymbol{H}_2^{\mathrm{T}}\boldsymbol{H}_2)^{-1}\boldsymbol{H}_2^{\mathrm{T}}\boldsymbol{Z}_2&=\left([\hat{\boldsymbol{H}}_2^{\mathrm{T}}\quad 0]\begin{bmatrix}\hat{\boldsymbol{H}}_2\\ 0\end{bmatrix}\right)^{-1}[\hat{\boldsymbol{H}}_2^{\mathrm{T}}\quad 0]\begin{bmatrix}\hat{\boldsymbol{Z}}_2\\ \tilde{\boldsymbol{Z}}_2\end{bmatrix}\\ &=(\hat{\boldsymbol{H}}_2^{\mathrm{T}}\hat{\boldsymbol{H}}_2)^{-1}\hat{\boldsymbol{H}}_2^{\mathrm{T}}\hat{\boldsymbol{Z}}_2=\hat{\boldsymbol{H}}_2^{-1}\hat{\boldsymbol{Z}}_2\end{aligned} \tag{2-64}$$

则可知式(2-63)与式(2-55)等价，证明酉变换投影到信息空间的估计值是精度最优估计。酉变换将量测向量 $\boldsymbol{Z}_2$ 投影到两个信息空间，其中，$\hat{\boldsymbol{Z}}_2$ 为三维空间，包含所有的冗余测量信息；$\tilde{\boldsymbol{Z}}_2$ 为 $n-3$ 维故障监测空间，可定义故障监测值 p，即

$$p=\tilde{\boldsymbol{Z}}_2'\tilde{\boldsymbol{Z}}_2 \tag{2-65}$$

经过去相关化和标准化的量测值，噪声完全服从高斯分布，因此故障检测值 p 服从 $\chi^2(2)$ 分布，可采用相应分位点作为检测阈值，选择误警率为 0.005，则相应阈值为 10.597。

$$P(p>10.597)=0.005 \tag{2-66}$$

2.2.1 冗余陀螺误差模型

针对陀螺特性，在多传感器模型的基础上分析冗余陀螺的误差模型。工程上有单敏感轴陀螺和双敏感轴陀螺。为了统一表述，本书以单敏感轴陀螺为基本研究单位，双敏感轴陀螺可看成由两个单敏感轴陀螺组成。

$\boldsymbol{\omega}^b \in \mathbf{R}^{3\times1}$ 是待测的载体相对惯性坐标系的旋转角速度在体坐标系三轴下的投影，则第 i 轴的投影角速率 ω_i^g 可由 $\boldsymbol{\omega}^b$ 和第 i 轴的空间单位方向向量 $\bar{\boldsymbol{w}}_i$ 表示，即

$$\omega_i^g = \bar{\boldsymbol{w}}_i \cdot \boldsymbol{\omega}^b = \bar{\boldsymbol{w}}_i^{\mathrm{T}} \boldsymbol{\omega}^b \tag{2-67}$$

则 n 个陀螺可组成列向量 $\boldsymbol{\omega}^g$，即

$$\boldsymbol{\omega}^g = \begin{bmatrix} \omega_1^g \\ \omega_2^g \\ \vdots \\ \omega_n^g \end{bmatrix} = \bar{\boldsymbol{W}}^{\mathrm{T}} \boldsymbol{\omega}^b \tag{2-68}$$

式中，$\bar{\boldsymbol{W}} = [\bar{\boldsymbol{w}}_1, \bar{\boldsymbol{w}}_2, \cdots, \bar{\boldsymbol{w}}_n]$。

向量 $\bar{\boldsymbol{w}}_i$ 代表陀螺敏感轴的真实方向，已知设计的单位方向向量 $\boldsymbol{w}_i$ 可表示为

$$\bar{\boldsymbol{w}}_i = \boldsymbol{w}_i - \delta_{vi}\boldsymbol{u}_i - \delta_{ui}\boldsymbol{v}_i \tag{2-69}$$

式中，$\boldsymbol{u}_i$、$\boldsymbol{v}_i$ 和 $\boldsymbol{w}_i$ 是相互正交的三轴，其中，δ_{ui} 和 δ_{vi} 为第 i 个陀螺仪的不对准误差。$\boldsymbol{w}_i$ 是由设计方向确定的，$\boldsymbol{u}_i$、$\boldsymbol{v}_i$ 的确定方式是非唯一的。

令 $\boldsymbol{U} = [\boldsymbol{u}_1, \boldsymbol{u}_2, \cdots, \boldsymbol{u}_n]$、$\boldsymbol{V} = [\boldsymbol{v}_1, \boldsymbol{v}_2, \cdots, \boldsymbol{v}_n]$、$\boldsymbol{W} = [\boldsymbol{w}_1, \boldsymbol{w}_2, \cdots, \boldsymbol{w}_n]$，则对于 n 个陀螺，有

$$\boldsymbol{\omega}^g = \boldsymbol{W}^{\mathrm{T}} \boldsymbol{\omega}^b - \boldsymbol{C}_v(\boldsymbol{\omega}^b)\boldsymbol{\delta}_u - \boldsymbol{C}_u(\boldsymbol{\omega}^b)\boldsymbol{\delta}_v \tag{2-70}$$

式中，

$$\boldsymbol{C}_v(\boldsymbol{\omega}^b)=\begin{bmatrix}\boldsymbol{\omega}^b\cdot\boldsymbol{v}_1 & 0 & 0 & 0\\ 0 & \boldsymbol{\omega}^b\cdot\boldsymbol{v}_2 & \cdots & 0\\ \vdots & \vdots & \ddots & \vdots\\ 0 & 0 & \cdots & \boldsymbol{\omega}^b\cdot\boldsymbol{v}_n\end{bmatrix}$$

$$\boldsymbol{C}_u(\boldsymbol{\omega}^b)=\begin{bmatrix}\boldsymbol{\omega}^b\cdot\boldsymbol{u}_1 & 0 & 0 & 0\\ 0 & \boldsymbol{\omega}^b\cdot\boldsymbol{u}_2 & \cdots & 0\\ \vdots & \vdots & \ddots & \vdots\\ 0 & 0 & \cdots & \boldsymbol{\omega}^b\cdot\boldsymbol{u}_n\end{bmatrix}$$

$$\boldsymbol{\delta}_u=[\delta_{u1},\delta_{u2},\cdots,\delta_{un}]^{\mathrm{T}}$$

$$\boldsymbol{\delta}_v=[\delta_{v1},\delta_{v2},\cdots,\delta_{vn}]^{\mathrm{T}}$$

则考虑标度因子偏差、陀螺漂移和噪声下，第 i 轴陀螺实际测量的角速度可以表示为

$$\omega_i^m=(1-\lambda_i)\omega_i^g-b_i-\eta_i \tag{2-71}$$

式中，b_i 是偏差；λ_i 是对称标度因子偏差；η_i 是随机误差。

定义 $\boldsymbol{\varLambda}=\mathrm{diag}(\lambda_1,\lambda_2,\cdots,\lambda_n)$，$\boldsymbol{b}=[b_1,b_2,\cdots,b_n]^{\mathrm{T}}$，$\boldsymbol{\eta}=[\eta_1,\eta_2,\cdots\eta_n]^{\mathrm{T}}$，有

$$\boldsymbol{\omega}^m=(\boldsymbol{I}-\boldsymbol{\varLambda})\boldsymbol{\omega}^g-\boldsymbol{b}-\boldsymbol{\eta} \tag{2-72}$$

定义 $\boldsymbol{\varDelta}_u=\mathrm{diag}(\delta_{u1},\delta_{u2},\cdots,\delta_{un})$，$\boldsymbol{\varDelta}_v=\mathrm{diag}(\delta_{v1},\delta_{v2},\cdots,\delta_{vn})$，$\bar{\boldsymbol{G}}=(\boldsymbol{W}-\boldsymbol{U}\boldsymbol{\varDelta}_v-\boldsymbol{V}\boldsymbol{\varDelta}_u)^{\mathrm{T}}$，有

$$\bar{\boldsymbol{G}}\boldsymbol{\omega}^b=(\boldsymbol{I}-\boldsymbol{\varLambda})^{-1}(\boldsymbol{\omega}^m+\boldsymbol{b}+\boldsymbol{\eta}) \tag{2-73}$$

式(2-67)～式(2-73)给出了冗余陀螺的分析模型，在工程应用中，捷联惯组输出是角度增量或全量，是数字脉冲式，工程分析模型考虑零次项和一次项，即

$$(\Delta N_{gi+}\cdot K_{gi}-\Delta N_{gi-}\cdot K_{gi})=D_{0i}+D_{ix}\cdot\omega_x+D_{iy}\cdot\omega_y+D_{iz}\cdot\omega_z \tag{2-74}$$

式中，ΔN_{gi+}、ΔN_{gi-} 为陀螺仪正负通道单位时间输出的脉冲数；K_{gi}

为陀螺仪脉冲当量；D_{0i} 为陀螺仪零次项漂移系数；D_{ix},D_{iy},D_{iz} 为陀螺仪一次项系数。

2.2.2　冗余加速度计误差模型

冗余加速度计输出模型的建立可参考冗余陀螺模型，考虑零偏、安装误差和标度因子误差等，有

$$\boldsymbol{A}_m=(\boldsymbol{G}_a-\boldsymbol{E}_a)\boldsymbol{A}_{cc}-\boldsymbol{b}_a+\boldsymbol{\eta}_a \tag{2-75}$$

式中，$\boldsymbol{A}_{cc}\in\mathbf{R}^{3\times1}$ 是待测的体坐标系三轴视加速度；$\boldsymbol{A}_m\in\mathbf{R}^{n\times1}$ 是冗余 n 轴加速度计量测向量；$\boldsymbol{G}_a\in\mathbf{R}^{n\times3}$ 是理想配置矩阵；$\boldsymbol{b}_a\in\mathbf{R}^{n\times1}$ 是冗余 n 轴加速度计零偏；$\boldsymbol{\eta}_a\in\mathbf{R}^{n\times1}$ 为冗余 n 轴加速度计噪声；$\boldsymbol{E}_a\in\mathbf{R}^{n\times3}$ 是配置误差矩阵。

配置误差矩阵 $\boldsymbol{E}_a$ 包含了空间不对准误差和标度因子误差，有

$$\boldsymbol{E}_a=(\boldsymbol{W}_a\boldsymbol{\Lambda}_a+\boldsymbol{U}_a\Delta_{va}+\boldsymbol{V}_a\Delta_{ua})^{\mathrm{T}} \tag{2-76}$$

式中，$\boldsymbol{W}_a=\boldsymbol{G}_a^{\mathrm{T}}$，$\boldsymbol{U}_a$ 和 $\boldsymbol{V}_a$ 的定义参考式(2-69)。

不同于陀螺，加表实际测量的 $\boldsymbol{A}_{cc}$ 值为

$$\boldsymbol{A}_{cc}=\boldsymbol{A}_b+\boldsymbol{\omega}_b\times(\boldsymbol{\omega}_b\times\boldsymbol{d})+\dot{\boldsymbol{\omega}}_b\times\boldsymbol{d} \tag{2-77}$$

式中，$\boldsymbol{A}^b=[A_x^b\quad A_y^b\quad A_z^b]^{\mathrm{T}}$ 为质心处的体轴坐标系下的加速度向量；$\boldsymbol{\omega}_b=[\omega_x\quad\omega_y\quad\omega_z]^{\mathrm{T}}$ 为体坐标系下的角速度向量；$\dot{\boldsymbol{\omega}}_b=\boldsymbol{\alpha}=[\alpha_x\quad\alpha_y\quad\alpha_z]^{\mathrm{T}}$ 为体坐标系下的角加速度向量；$\boldsymbol{d}=[d_x\quad d_y\quad d_z]^{\mathrm{T}}$ 为加速度计安装点在载体系 b 中的位置。

展开式(2-76)有

$$\boldsymbol{A}_{cc}=\boldsymbol{A}_b-\boldsymbol{K}_1\boldsymbol{\omega}_2-\boldsymbol{K}_2\boldsymbol{\alpha} \tag{2-78}$$

式中，

$$\boldsymbol{K}_1=\begin{bmatrix}0 & d_x & d_x & -d_y & -d_z & 0\\ d_y & 0 & d_y & -d_x & 0 & -d_z\\ d_z & d_z & 0 & 0 & -d_x & -d_y\end{bmatrix}$$

$$\boldsymbol{K}_2=\begin{bmatrix} 0 & -d_z & d_y \\ d_z & 0 & -d_x \\ -d_y & d_x & 0 \end{bmatrix}$$

$$\boldsymbol{\omega}_2=[\omega_x^2 \quad \omega_y^2 \quad \omega_z^2 \quad \omega_x\omega_y \quad \omega_x\omega_z \quad \omega_y\omega_z]^{\mathrm{T}}$$

式(2-75)～式(2-78)给出了冗余加表的分析模型，在工程应用中，捷联惯组输出是角速度增量或全量，是数字脉冲式，工程分析模型为

$$\left(\frac{\Delta N_{ai+}}{K_{ai+}}-\frac{\Delta N_{ai-}}{K_{ai-}}\right)=K_{0i}+E_{ix}\dot{W}_x+E_{iy}\dot{W}_y+E_{iz}\dot{W}_z+K_{2i}\dot{W}_i^2 \tag{2-79}$$

式中，$\Delta N_{ai+},\Delta N_{ai-}$ 为加速度计正负通道单位时间输出的脉冲数，单位为 P/s；K_{ai+},K_{ai-} 为加速度计脉冲当量，单位为 P/(g$_0$·s)；K_{0i} 为加速度计零次项漂移系数，单位为 g$_0$；E_{ix}、E_{iy}、E_{iz} 为加速度计一次项系数；K_{2i} 为加速度计二次项系数，单位为 g$_0$/g$_0^2$。

2.2.3　重构参数模型

系统的配置方式直接决定了系统的重构策略、重构精度和容错性能。本节提出两个指标来直观评价配置的重构性能，可重构组合数 K 和最小安装夹角 $\theta_{\min}$。

对于冗余惯组，假设有 n 个传感器沿 m 条轴线方向放置，($n>3$，$n\geqslant m$)，每条轴线上放置的传感器个数分别为 p_1、p_2、p_3、…、p_m，则易知存在等式约束：

$$n=\sum_{i=1}^{m}p_i \tag{2-80}$$

该冗余传感器配置可重构组合 K 为

$$K=\sum_{i=3}^{m}\sum_{j=1}^{C_m^i}\prod_{k=1}^{i}p_{k|(i,j)} \tag{2-81}$$

式中，$p_{k|(i,j)}$表示选择i条轴线所形成的第j个组合中的第k条轴线方向所含的对应传感器个数。

配置的可重构组合K越大，表明配置的容错性越好，因此可作为考察配置容错性能的一个指标。以六单自由度陀螺为例，分别配置为正十二面体和双冗余三正交平行放置架构，图2-5为两种典型配置示例。

可计算同样是六表，正十二面体的可重构组合为42，双冗余平行架构的可重构组合为8，发生一度故障后，正十二面体的可重构组合为16，双冗余平行架构的可重构组合为4。因此从系统重构角度上看，正十二面体配置比双冗余平行配置容错性高。

对于六表配置，当任三轴不共面的情况，可重构组合均为42，在此前提下，定义另一项反映配置优劣的指标——配置安装轴最小夹角。

配置安装轴最小夹角的定义为$\theta_{\min}$，即

$$\theta_{\min}=\min\{\arccos|\langle m_i, m_j\rangle|\} \quad i,j=1,2,\cdots,n \tag{2-82}$$

此项指标越大，反映系统的故障后精度下限越高。六表配置下，安装轴最小夹角$\theta_{\min}$最大为63.43°。

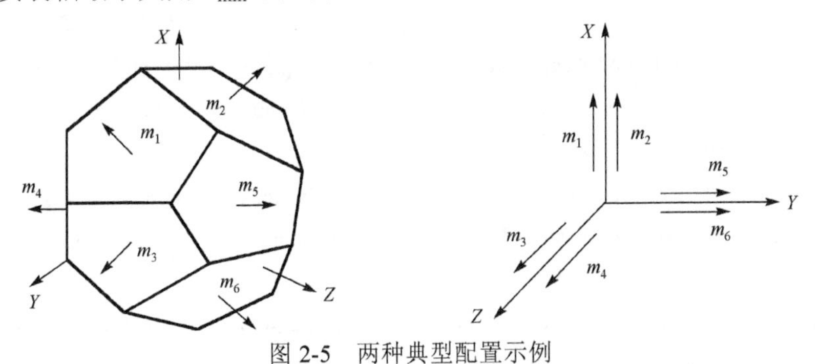

图2-5　两种典型配置示例

参考文献

符文星，于云峰，黄勇，等. 精确制导导弹控制系统仿真[M]. 西安：西北工业

大学出版社, 2010.
华春红. 光学陀螺捷联惯导系统关键技术研究[D]. 北京: 北京航空航天大学, 2011.
李学锋, 王青, 王辉, 等. 运载火箭飞行控制系统设计与验证[M]. 北京: 国防工业出版社, 2014.
钱杏芳, 林瑞雄, 赵亚男. 导弹飞行力学[M]. 北京: 北京理工大学出版社, 2016.
秦永元. 惯性技术[M]. 北京：科学出版社, 2006.
王超. 光纤陀螺随机漂移的建模分析与补偿[D]. 合肥：中国科学技术大学, 2015.
王威, 于志坚. 航天器轨道确定: 模型与算法[M]. 北京：国防工业出版社, 2007.
徐延万. 弹道导弹、运载火箭控制系统设计与分析[M]. 北京: 宇航出版社, 1999.
杨嘉墀，范秦鸿，张云彤，等. 航天器轨道动力学与控制[M]. 北京：宇航出版社, 1999.
张洪波. 航天器轨道力学理论与方法[M]. 北京：国防工业出版社，2015.
Huang B. Detection of abrupt changes of total least squares models and application in fault detection[J]. IEEE Transactions on Control Systems Technology, 2001, 9(2): 357-367.
Jafari M. Optimal redundant sensor configuration for accuracy increasing in space inertial navigation system[J]. Aerospace Science and Technology, 2015, (47): 467-472.
Jafari M, Sahebjameyan M, Moshiri B, et al. Skew redundant MEMS IMU calibration using a Kalman filter[J]. Measurement Science & Technology, 2015, 26(10): 1-15.
Montenbruck O, Gill E. 卫星轨道模型方法和应用[M]. 王家松, 祝开建, 胡小工, 译. 北京: 国防工业出版社, 2012.

Pittelkau M E. Calibration and attitude determination with redundant inertial measurement units[J]. Journal of Guidance Control and Dynamics, 2005, 28(4): 743-752.

Sukkarieh S, Gibbens P W, Grocholsky B, et al. A low-cost, redundant inertial measurement unit for unmanned air vehicles[J]. International Journal of Robotics Research, 2000, 19(11): 1089-1103.

第 3 章　冗余惯组故障辨识

冗余捷联惯组故障辨识方法与冗余构型息息相关。本章首先介绍冗余惯组配置方案的设计出发点，介绍典型的冗余配置。在此基础上，分析冗余惯组的故障辨识方法。

3.1　冗余惯组配置方案

3.1.1　冗余配置设计指标

冗余惯组配置方案首先要回答的问题是选用冗余配置表的数量。冗余配置数量是由系统要求的可靠性决定的。对于冗余惯组的可靠度模型，建立的模型均基于泊松分布表示在时间间隔 t 中发生 x 次故障的概率，即

$$P(t)=\frac{(\lambda t)^x}{x!}\mathrm{e}^{-\lambda t} \tag{3-1}$$

式中，λ 为单位时间内发生故障的次数；λt 为时间 t 内发生的平均故障次数。

可靠度的定义为单位时间 t 内无故障时的概率，即 x=0 时，有

$$R(t)=\mathrm{e}^{-\lambda t} \tag{3-2}$$

平均无故障时间 (mean time between failure，MTBF) 的定义为

$$\mathrm{MTBF}=\int_0^{\infty}R(t)\mathrm{d}t=\frac{1}{\lambda} \tag{3-3}$$

对于 n 个惯性仪表的冗余系统，至少要有 3 个敏感轴不共面的惯性仪表时，系统才能正常工作，当各表可靠性相同时，此时系统

可靠性为

$$R_a = \sum_{i=3}^{n} C_n^i R^i (1-R)^{n-i} \tag{3-4}$$

式中，$C_n^i == \dfrac{n!}{i!(n-i)!}$

假设故障出现的事件是相互独立的，下面分别计算四轴冗余、五轴冗余和六轴冗余配置方式下的可靠性。

四轴冗余方式中，$R_4 = 4R^3(1-R) + R^4 = 4R^3 - 3R^4 = 4\mathrm{e}^{-3\lambda t} - 3\mathrm{e}^{-4\lambda t}$，有

$$\mathrm{MTBF} = \int_0^{\infty} (4\mathrm{e}^{-3\lambda t} - 3\mathrm{e}^{-4\lambda t})\mathrm{d}t = \frac{4}{3\lambda} - \frac{3}{4\lambda} = \frac{7}{12\lambda} \tag{3-5}$$

五轴冗余方式中，$R_5 = 10R^3 - 15R^4 + 6R^5 = 10\mathrm{e}^{-3\lambda t} - 15\mathrm{e}^{-4\lambda t} + 6\mathrm{e}^{-5\lambda t}$，有

$$\mathrm{MTBF} = \int_0^{\infty} (10\mathrm{e}^{-3\lambda t} - 15\mathrm{e}^{-4\lambda t} + 6\mathrm{e}^{-5\lambda t})\mathrm{d}t = \frac{10}{3\lambda} - \frac{15}{4\lambda} + \frac{6}{5\lambda} = \frac{47}{60\lambda} \tag{3-6}$$

六轴冗余方式中，$R_6 = 20\mathrm{e}^{-3\lambda t} - 45\mathrm{e}^{-4\lambda t} + 36\mathrm{e}^{-5\lambda t} - 10\mathrm{e}^{-6\lambda t}$，有

$$\begin{aligned}\mathrm{MTBF} &= \int_0^{\infty} (20\mathrm{e}^{-3\lambda t} - 45\mathrm{e}^{-4\lambda t} + 36\mathrm{e}^{-5\lambda t} - 10\mathrm{e}^{-6\lambda t})\mathrm{d}t \\ &= \frac{20}{3\lambda} - \frac{45}{4\lambda} + \frac{36}{5\lambda} - \frac{10}{6\lambda} = \frac{57}{60\lambda}\end{aligned} \tag{3-7}$$

可见，冗余配置表的数量 n 越大，系统的 MTBF 越长，系统的可靠性越高，但受成本体积的约束，系统的冗余数量 n 不可能无限增大。引入性能指标 θ 和 R，有

$$\theta = \frac{\mathrm{MTBF}(n)}{\mathrm{MTBF}(3)} \tag{3-8}$$

式中，θ 表示 n 个单自由度表组成的冗余系统相对于非冗余系统的可靠性；MTBF(n) 表示冗余配置表数量为 n 时的平均无故障时间；MTBF(3) 表示非冗余配置时的平均无故障时间。

指标 R 综合体现了冗余系统的可靠性要求和成本代价的约束：

$$R=\frac{\theta}{n} \tag{3-9}$$

通过定义 θ 和 R，可推导出综合考虑系统可靠性和成本代价最优的冗余配置数量是 4～6 个。

在冗余配置表的数量 n 确定后，多表的空间几何安装构型是接下来最关注的问题。

下面以单机多表配置开展最优解算性能的分析。对于冗余惯组的构型设计和故障诊断研究均是基于以下量测方程，即

$$\boldsymbol{Z}=\boldsymbol{H}\boldsymbol{X}+\boldsymbol{\varepsilon} \tag{3-10}$$

其中，$\boldsymbol{Z}$ 为 n 个传感器的量测向量($n\geqslant 3$，$\boldsymbol{H}\in\mathbf{R}^{n\times 3}$ 为传感器的冗余配置矩阵，$\boldsymbol{X}$ 为待求状态向量(三轴角速度或视加速度)，$\boldsymbol{\varepsilon}\in\mathbf{R}^{n\times 1}$ 为高斯白噪声向量，具有如下统计特性：

$$E[\varepsilon]=\mathbf{0},\quad E[\varepsilon\varepsilon^{\mathrm{T}}]=\sigma^2\boldsymbol{I} \tag{3-11}$$

根据最小二乘估计，可得 $\boldsymbol{X}$ 最优估计为

$$\hat{\boldsymbol{X}}=(\boldsymbol{H}^{\mathrm{T}}\boldsymbol{H})^{-1}\boldsymbol{H}^{\mathrm{T}}\boldsymbol{Z} \tag{3-12}$$

则估计误差 $\boldsymbol{e}=\boldsymbol{X}-\hat{\boldsymbol{X}}$，有误差的协方差矩阵为

$$P(t)=E[\boldsymbol{e}(t)\boldsymbol{e}^{\mathrm{T}}(t)]=(\boldsymbol{H}^{\mathrm{T}}\boldsymbol{H})^{-1}\sigma^2 \tag{3-13}$$

基于以上条件，有优化指标 J，即

$$J=\mathrm{trace}(P)=E[(x_x-\hat{x}_x)^2]+E[(x_y-\hat{x}_y)^2]+E[(x_z-\hat{x}_z)^2] \tag{3-14}$$

根据最优指标，有最优配置的定理。

定理 3.1 对于冗余配置下的量测矩阵 $\boldsymbol{H}\in\mathbf{R}^{n\times 3}$，精度最优的充分必要条件为

$$\boldsymbol{H}^{\mathrm{T}}\boldsymbol{H}=\frac{n}{3}\boldsymbol{I} \tag{3-15}$$

式(3-1)～式(3-15)给出了冗余构型设计的基本思路，通过可

靠性指标确定冗余表的数量，通过估计性能指标确定空间中的几何构型。

3.1.2　冗余配置构型分析

在定理 3.1 的基础上，图 3-1～图 3-3 给出了典型的单机四表、五表、六表的最优理论构型配置。

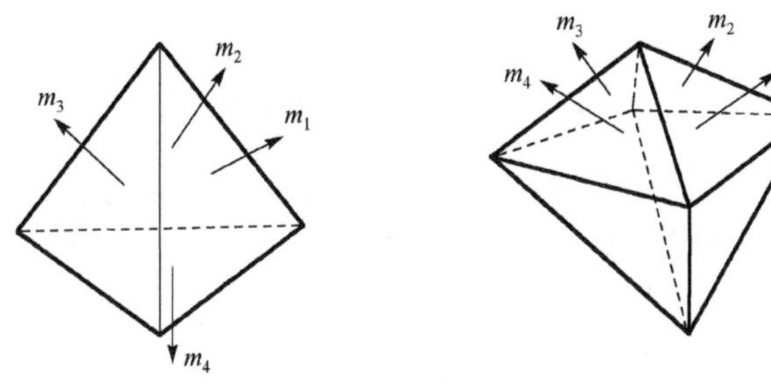

图 3-1　四陀螺理论最佳构型

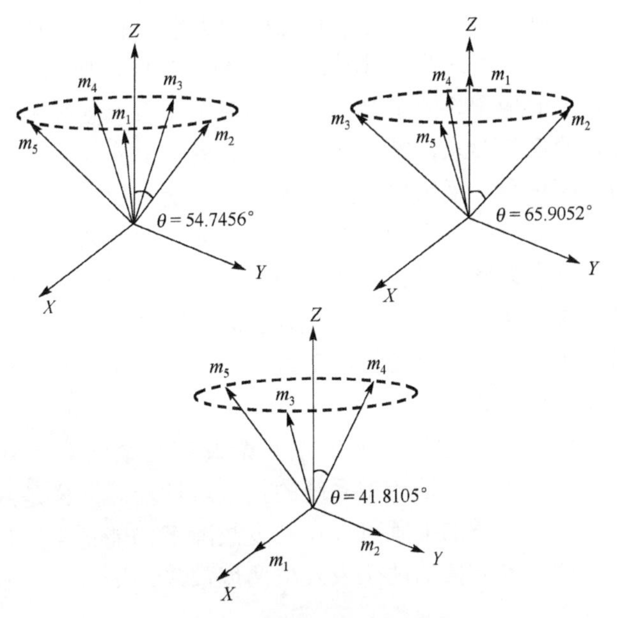

图 3-2　五陀螺理论最佳构型

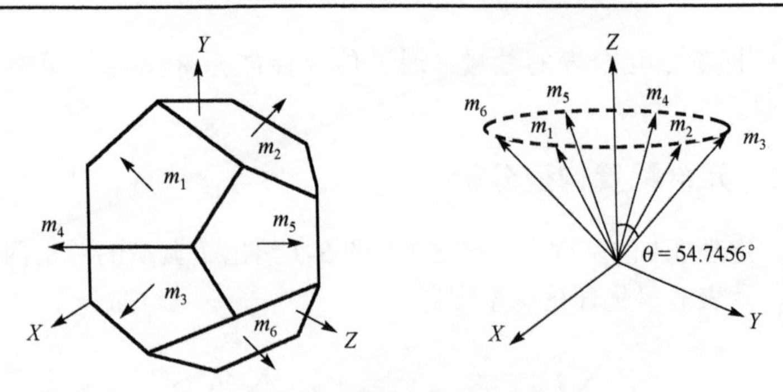

图 3-3　六陀螺理论最佳构型

理论上满足性能最优的构型基本都是正多面体的构型或是圆锥形构型。这些构型虽满足最优配置定理，但结构带来的安装误差也不可忽视，相对于三正交结构，标定方法复杂，没有成熟的误差模型，因此在工程实践中很少采用。

工程界的方案以正交为主，国内外运载火箭常见的应用方案如图 3-4 所示。典型配置有双冗余捷联惯组方案，新一代长征运载火箭以及国外主流大型运载火箭(美国的“Ares”、俄罗斯的“质子号”)均采用三冗余的配置。除了多机冗余的配置，考虑到控制系统对惯性测量装置的质量要求，某些场合只允许安装一套冗余惯组，从系统重构的角度出发，采用单惯组多表冗余方案，如半人马座上面级采用单机 5 个陀螺和 5 个加表的配置，五表不共线的设计可以定位一度故障、判定二度故障。双冗余捷联惯组配置中，每套捷联惯组包括 4 个陀螺和 4 个加表。以上方案均属于集中式冗余，SpaceX 的猎鹰火箭每级都有其独立的控制系统，因此每级至少有一套惯组，这种方案属于分布式冗余。

国内外运载火箭中应用到的双冗余及三冗余配置安置方向一致的设计没有最大限度地挖掘系统的抗故障性能。同样是六表，正十二面体六表不共线的配置可以在三度故障下仍能正常工作，而双冗余结构，如果同方向的两个表发生两度故障，则系统彻底失效。

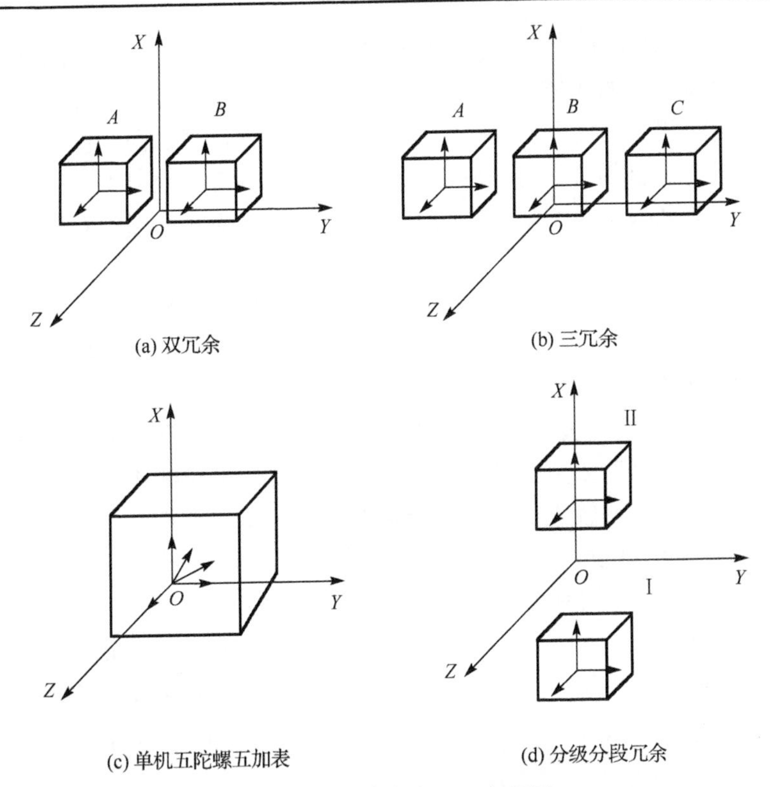

(a) 双冗余　(b) 三冗余

(c) 单机五陀螺五加表　(d) 分级分段冗余

图 3-4　运载火箭常见冗余配置

这里介绍一种双三正交冗余架构，该架构以正交为主，多表空间配置满足式(3-15)，适于工程应用，其最优配置矩阵 $\boldsymbol{H}$ 为

$$\boldsymbol{H}=\begin{bmatrix} 1 & 0 & 0 \\ 0 & 1 & 0 \\ 0 & 0 & 1 \\ 0.667 & 0.667 & 0.333 \\ -0.667 & 0.333 & 0.667 \\ 0.333 & -0.667 & 0.667 \end{bmatrix} \tag{3-16}$$

双三正交最优配置有以下特点。

(1) 计算量小。当采取正交配置时，安置在正交轴的陀螺直接输出载体主轴的角速度，无须由其他多个陀螺进行转换计算；采用非正交配置时，需要对多个陀螺仪的输出进行计算，同时要确保每个陀螺的输出都可靠且正确，多一个传感器融合，相应引入误差的风险也随之提高，可知非正交方案不但耗时，而且会引起新的计算误差。

(2) 解耦性强，可靠度高。正交结构有最强的解耦性，各表输出不相关，且 N 表不共线的设计保证了可定位 $N-4$ 度故障，判定 $N-3$ 度故障。

(3) 不用设计复杂的斜置表标定方案，基于目前惯组成熟的标定方法中，物理参数清晰，补偿方法有效，非正交架构由于解耦性不强，误差模型较正交架构复杂且参数物理意义性不强。

(4) 最优精度高。当需要全表参与融合时，六表的配置也可以满足式(3-15)，达到最高理想精度。

(5) 在双三正交几何约束下，式(3-16)的最优配置保证了该种配置下的最小夹角是在该类型几何约束下最大的，因此可保证在二度故障下的解算精度最高。

3.2　冗余配置故障诊断

本章介绍两种常用的故障诊断方法：一种是适合于整机三冗余系统的表决法；一种是适合于单机多表的奇偶向量法。

3.2.1　表决法

1. 表决法基本思想

惯性组件冗余安装形式为三套惯组同轴安装(如图 3-5 所示，其中，$O\text{-}X_bY_bZ_b$ 为箭体坐标系)。在理想情况下，安装在同一轴上的惯组输出应完全一样。表决方法即对这三套惯组的输出值依据少数服从多数的原则进行故障诊断，如果有一个惯组的输出值与另外两个稍有不同，那么就可以认为这个惯组发生了故障(即设定表决阈值为0)。但实际工程中，惯性器件不可避免地存在着器件偏差及输出噪声，此时表决阈值就不能设为0，而要在综合考虑这些影响因素的情况下合理设定。

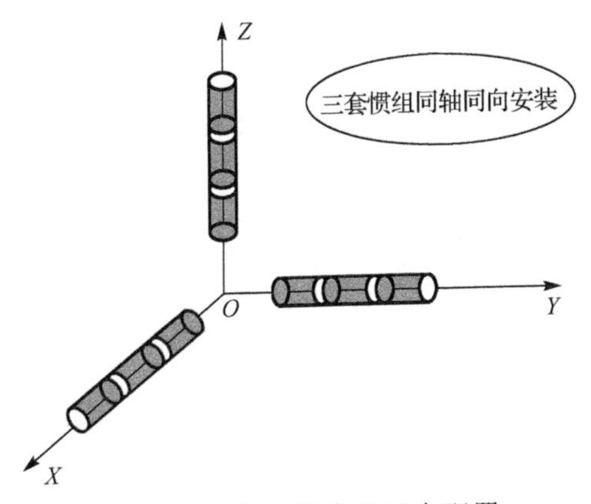

图3-5　运载火箭常见冗余配置

惯性器件的可靠性都较高，当m个传感器测量n个物理量的时候，如果没有其他冗余，最多可检测并定位出$m-n-1$个传感器故障。这里用3个传感器测同一物理量，那么理论上最多可检测出$3-1-1=1$个传感器发生故障，即同轴两度故障在没有其他冗余的时候无法精确地检测出来。因此，同轴两度故障暂不考虑。

表决方法具体流程如下。

(1)设测量同一物理量的三个传感器的输出分别为x_1，x_2，x_3，将其两两相减并取绝对值，令$z_1=|x_1-x_2|$、$z_2=|x_1-x_3|$、$z_3=|x_2-x_3|$。

(2)取阈值T_D，将z_1、z_2、z_3与T_D进行比较，并依据少数服从多数原则进行故障诊断。

①如果z_1、z_2、z_3均小于T_D，则判定传感器都工作正常，导航计算时采用3个传感器输出的平均值。

②如果z_1、z_2、z_3中有两个小于T_D，一个大于T_D，那么也判

定 3 个传感器工作正常，导航计算时采用 3 个传感器输出的平均值。

例如，若 z_1、$z_2 < T_D$，$z_3 > T_D$，因为 $z_1 < T_D$，所以可认为 x_1、x_2 输出较为接近，因为 $z_2 < T_D$，所以可认为 x_2、x_3 输出较为接近，因此虽然 $z_3 > T_D$，但 x_1、x_3 之间差值不会很大，即认为 3 个传感器输出值相近，3 个传感器均正常工作。其他情况类似。

③如果 z_1、z_2、z_3 有两个大于 T_D，一个小于 T_D，则可依据少数服从多数原则，判定有一个传感器发生了故障，此时认为差值小于 T_D 所对应的那两个传感器无故障，导航计算时采用这两个无故障传感器输出的平均值。

④如果 z_1、z_2、z_3 均大于 T_D，那么判定发生了同轴两度故障，需整合其他信息（如 GPS 等）来进行两度故障诊断。

(3) 例如，某传感器连续报故障多次（如 1000 次），则认为此传感器发生了永久故障，将其永久隔离。

2. *表决法阈值确定方法*

首先介绍误检率与漏检率的定义。

在故障检测中，H_0 表示无故障，H_1 表示有故障，则有四种可能：

① H_0 为真，判断 H_1 为真，这称为误检，其概率写成 P_F；

② H_1 为真，判断 H_0 为真，这称为漏检，其概率写成 P_M；

③ H_0 为真，判断 H_0 为真，这称为无误检，其概率写成 $1-P_F$；

④ H_1 为真，判断 H_1 为真，这称为正确检测，其概率写成 $1-P_M$；

根据上述定义，误检率可表示为

$$P_F = P(\text{判断}H_1\text{真} \mid H_0\text{真}) \tag{3-17}$$

漏检率可表示为

$$P_M = P(\text{判断}H_0\text{真} \mid H_1\text{真}) \tag{3-18}$$

误检率和漏检率是故障诊断方法的两个主要指标，且误检率和漏检率是存在矛盾的。一般情况下，故障诊断方法对系统误检率降低的同时会使此方法对系统漏检率升高。因为漏检率与故障发生的类型及幅值有关，所以当以漏检率为诊断指标时，还需确定相应的故障类型和幅值，而工程实际中这是无法事先确定的，因此本书主要以误检率作为故障诊断指标。为讨论方便，本节讨论的阈值确定方法均以安装在箭体系 X_b 轴上的 3 个陀螺为例进行说明，首先分析在纯噪声条件下的阈值确定方法，在此基础上，综合考虑陀螺常用误差源，如漂移、安装误差及刻度因数误差等因素下的阈值确定方法。

1) 纯噪声条件下的阈值确定方法

设某时刻载体在 X_b 轴方向的真实角速度分量为 x，安装在箭体系 X_b 轴上的 3 个陀螺某一时刻的输出分别为 x_1、x_2、x_3，其测量噪声分别用 w_1、w_2、w_3 表示，分别是标准差为 σ_{n1}、σ_{n2}、σ_{n3} 的零均值白噪声。那么 3 个陀螺在此时刻的输出可表示为

$$x_1 = x + w_1 \tag{3-19}$$

$$x_2 = x + w_2 \tag{3-20}$$

$$x_3 = x + w_3 \tag{3-21}$$

将式(3-19)～式(3-21)两两相减，可得

$$x_1 - x_2 = w_1 - w_2 \tag{3-22}$$

$$x_1 - x_3 = w_1 - w_3 \tag{3-23}$$

$$x_2 - x_3 = w_2 - w_3 \tag{3-24}$$

因为 w_1、w_2、w_3 相互独立，所以

$$\begin{cases} (w_1 - w_2) \sim N(0, \sigma_{n1}^2 + \sigma_{n2}^2) \\ (w_1 - w_3) \sim N(0, \sigma_{n1}^2 + \sigma_{n3}^2) \\ (w_2 - w_3) \sim N(0, \sigma_{n2}^2 + \sigma_{n3}^2) \end{cases} \tag{3-25}$$

设事件

$$
\begin{aligned}
A_1 &: |x_1 - x_2| < T_{D12} \\
A_2 &: |x_1 - x_3| < T_{D13} \\
A_3 &: |x_2 - x_3| < T_{D23}
\end{aligned}
\tag{3-26}
$$

其中，T_{D12}，T_{D13}，T_{D23} 为待定的表决阈值，设在纯噪声条件下 1 号与 2 号传感器之间差值的阈值为 T_{Dn12}，1 号与 3 号传感器之间差值的阈值为 T_{Dn13}，2 号与 3 号传感器之间的差值的阈值为 T_{Dn23}。

表决方法的核心问题就是依照器件噪声的统计规律计算出满足系统误检率要求的阈值 T_{D12}、T_{D13}、T_{D23}。在计算阈值的时候，假设所有传感器均正常工作。

当系统误检率为 α，那么 $P(\text{判断}H_1\text{真} \mid H_0\text{真}) = \alpha$，依上节的表决方法流程可知判断 H_0 为真的条件是事件 A_1、A_2、A_3 有两个同时发生。设三个传感器故障是独立的，在传感器无故障时事件 $A_i(i=1,2,3)$ 发生的概率为 $1-\lambda$，即 $P\{A_i(i=1,2,3)/H_0\} = 1-\lambda$。此时，用二进制 0 代表事件 $A_i(i=1,2,3)$ 发生，二进制 1 代表事件 $A_i(i=1,2,3)$ 不发生，则事件发生情况与发生概率如表 3-1 所示。

表 3-1　事件 $A_i(i=1,2,3)$ 发生情况及所对应概率

序号	事件发生情况	事件发生的概率
000	A_1 发生，A_2 发生，A_3 发生	$(1-\lambda)^3$
001	A_1 发生，A_2 发生，A_3 不发生	$\lambda(1-\lambda)^2$
010	A_1 发生，A_2 不发生，A_3 发生	$\lambda(1-\lambda)^2$
011	A_1 发生，A_2 不发生，A_3 不发生	$\lambda^2(1-\lambda)$
100	A_1 不发生，A_2 发生，A_3 发生	$\lambda(1-\lambda)^2$
101	A_1 不发生，A_2 发生，A_3 不发生	$\lambda^2(1-\lambda)$
110	A_1 不发生，A_2 不发生，A_3 发生	$\lambda^2(1-\lambda)$
111	A_1 不发生，A_2 不发生，A_3 不发生	λ^3

由表 3-1 可知，事件 $A_i(i=1,2,3)$ 两个以上同时发生的概率为 $1-(\lambda^3+3\lambda^2(1-\lambda))$，那么

$$
P\{\text{判}H_1\text{为真}/H_0\text{真}\} = 1-(1-(\lambda^3+3\lambda^2(1-\lambda))) = \lambda^3+3\lambda^2(1-\lambda) \tag{3-27}
$$

又因为

$$P(\text{判断}H_1\text{真} \mid H_0\text{真}) = \alpha \tag{3-28}$$

所以

$$\lambda^3 + 3\lambda^2(1-\lambda) = \alpha \tag{3-29}$$

因为$1-\lambda$为事件发生的概率，所以$0 \leqslant \lambda \leqslant 1$恒成立，解方程(3-29)并考虑约束条件$0 \leqslant \lambda \leqslant 1$即可得到最终$\lambda$的值。当$\lambda$值已知，那么要求事件发生的概率就已知了，此时查标准正态分布表即可求出满足误检率条件下的阈值：

$$\begin{cases} T_{\mathrm{D}n12} = z_{(1-\lambda/2)}\sqrt{2}\sigma_{n12} \\ T_{\mathrm{D}n13} = z_{(1-\lambda/2)}\sqrt{2}\sigma_{n13} \\ T_{\mathrm{D}n23} = z_{(1-\lambda/2)}\sqrt{2}\sigma_{n23} \end{cases} \tag{3-30}$$

式中，$\sigma_{n12} = \sqrt{\sigma_{n1}^2 + \sigma_{n2}^2}$；$\sigma_{n13} = \sqrt{\sigma_{n1}^2 + \sigma_{n3}^2}$；$\sigma_{n23} = \sqrt{\sigma_{n2}^2 + \sigma_{n3}^2}$；$z_{(1-\lambda/2)}$为标准正态分布的$(1-\lambda/2)$分位点。因为此次只考虑了噪声，所以

$$\begin{cases} T_{\mathrm{D}12} = T_{\mathrm{D}n12} \\ T_{\mathrm{D}13} = T_{\mathrm{D}n13} \\ T_{\mathrm{D}23} = T_{\mathrm{D}n23} \end{cases} \tag{3-31}$$

2) 综合考虑启动漂移、安装误差以及刻度因数偏差的阈值确定方法

启动漂移，是指受启动时刻的环境条件和电气参数的随机性等因素的影响，一旦启动完成，这种漂移便保持在某一固定值上的一种现象，但这一固定值是一个随机变量，每次启动时均不一样。安装误差即传感器安装时所产生的偏差，而刻度因数偏差是传感器实际的刻度系数与标称值不完全一致所产生的偏差。

(1) 仅考虑噪声与启动漂移。

设安装在X轴上的3个陀螺某一时刻的输出为x_1、x_2、x_3，这一时刻载体绕X轴的真实角速度分量为x，不失一般性，我们假设

1 号、2 号、3 号陀螺启动漂移的统计规律分别满足均值为 0，标准差为σ_{b1}、σ_{b2}、σ_{b3}的正态分布，用ε_1、ε_2、ε_3来表示，测量噪声分别是满足标准差为σ_{n1}、σ_{n2}、σ_{n3}的高斯白噪声，用w_1、w_2、w_3来表示，此时 3 个陀螺的输出可表示为

$$\begin{cases} x_1 = x + \varepsilon_1 + w_1 \\ x_2 = x + \varepsilon_2 + w_2 \\ x_3 = x + \varepsilon_3 + w_3 \end{cases} \tag{3-32}$$

这里$\varepsilon_1 \sim N(0,\sigma_{b1}^2)$，$\varepsilon_2 \sim N(0,\sigma_{b2}^2)$，$\varepsilon_3 \sim N(0,\sigma_{b3}^2)$，$w_1 \sim N(0,\sigma_{n1}^2)$，$w_2 \sim N(0,\sigma_{n2}^2)$，$w_3 \sim N(0,\sigma_{n3}^2)$。

将式(3-32)中的三式两两相减，可得

$$\begin{cases} x_1 - x_2 = (\varepsilon_1 - \varepsilon_2) + (w_1 - w_2) \\ x_1 - x_3 = (\varepsilon_1 - \varepsilon_3) + (w_1 - w_3) \\ x_2 - x_3 = (\varepsilon_2 - \varepsilon_3) + (w_2 - w_3) \end{cases} \tag{3-33}$$

因为ε_1、ε_2、ε_3互相独立，所以$(\varepsilon_1 - \varepsilon_2) \sim N(0,\sigma_{b1}^2 + \sigma_{b2}^2)$、$(\varepsilon_1 - \varepsilon_3) \sim N(0,\sigma_{b1}^2 + \sigma_{b3}^2)$、$(\varepsilon_2 - \varepsilon_3) \sim N(0,\sigma_{b2}^2 + \sigma_{b3}^2)$。以$T_{\mathrm{D}12}$为例，为了补偿启动漂移造成的偏差，在理想情况下，如果启动漂移为ε_1、ε_2，则表决阈值也相应变为$T_{\mathrm{D}12} = T_{\mathrm{D}n12} + \Delta x_{12}$，其中，$\Delta x_{12} = |\varepsilon_1 - \varepsilon_2|$，但在工程实际中，启动漂移是无法测量的，因此$\Delta x_{12}$无法得到，为了保证表决方法的诊断结果满足系统误检率的设计要求，可令Δx_{12}取概率最大值，这样计算出的$T_{\mathrm{D}12}$比理想情况要大，由此造成的后果是误检率比预设值要低。又因为$\varepsilon_1 - \varepsilon_2$的统计规律满足正态分布，设其标准差$\sigma_{b12} = \sqrt{\sigma_{b1}^2 + \sigma_{b2}^2}$，可取$\Delta x_{12} = 2.75\sigma_{b12}$，此时事件$A_i(i=1,2,3)$两个以上同时发生的概率为 0.9999。设$\sigma_{b13} = \sqrt{\sigma_{b1}^2 + \sigma_{b3}^2}$，$\sigma_{b23} = \sqrt{\sigma_{b2}^2 + \sigma_{b3}^2}$，计算出事件$A_1$、$A_2$、$A_3$所对应的阈值分别为

$$\begin{cases} T_{\mathrm{D}12} = T_{\mathrm{D}n12} + 2.75\sqrt{2}\sigma_{b12} \\ T_{\mathrm{D}13} = T_{\mathrm{D}n13} + 2.75\sqrt{2}\sigma_{b13} \\ T_{\mathrm{D}23} = T_{\mathrm{D}n23} + 2.75\sqrt{2}\sigma_{b23} \end{cases} \tag{3-34}$$

(2) 再考虑刻度因数偏差。

设刻度因数偏差为 δK_i（$i=1,2,3$），服从 $N(0,\sigma_K^2)$，则三陀螺输出可表示为

$$\begin{cases} x_1=(1+\delta K_1)x+(\varepsilon_1+w_1) \\ x_2=(1+\delta K_2)x+(\varepsilon_2+w_2) \\ x_3=(1+\delta K_3)x+(\varepsilon_3+w_3) \end{cases} \tag{3-35}$$

$$\begin{cases} x_1-x_2=(\delta K_1-\delta K_2)x+(\varepsilon_1-\varepsilon_2)+(w_1-w_2) \\ x_1-x_3=(\delta K_1-\delta K_3)x+(\varepsilon_1-\varepsilon_3)+(w_1-w_3) \\ x_2-x_3=(\delta K_2-\delta K_3)x+(\varepsilon_2-\varepsilon_3)+(w_2-w_3) \end{cases} \tag{3-36}$$

设

$$\begin{cases} \kappa_{12}=(\delta K_1-\delta K_2)x+(\varepsilon_1-\varepsilon_2) \\ \kappa_{13}=(\delta K_1-\delta K_3)x+(\varepsilon_1-\varepsilon_3) \\ \kappa_{23}=(\delta K_2-\delta K_3)x+(\varepsilon_2-\varepsilon_3) \end{cases} \tag{3-37}$$

那么

$$\begin{cases} x_1-x_2=\kappa_{12}+(w_1-w_2) \\ x_1-x_3=\kappa_{13}+(w_1-w_3) \\ x_2-x_3=\kappa_{23}+(w_2-w_3) \end{cases} \tag{3-38}$$

其中，

$$\kappa_{12}\sim N[0,2(x^2\sigma_K^2+\sigma_{b12}^2)]$$

$$\kappa_{13}\sim N[0,2(x^2\sigma_K^2+\sigma_{b13}^2)]$$

$$\kappa_{23}\sim N[0,2(x^2\sigma_K^2+\sigma_{b23}^2)]$$

它们的标准差为

$$\sigma_{\kappa 12}=\sqrt{2(x^2\sigma_K^2+\sigma_{b12}^2)}$$

$$\sigma_{\kappa 13}=\sqrt{2(x^2\sigma_K^2+\sigma_{b13}^2)}$$

$$\sigma_{\kappa 23}=\sqrt{2(x^2\sigma_K^2+\sigma_{b23}^2)}$$

因为κ_{12}、κ_{13}、κ_{23}的标准差随着飞行状态的不同而不同，不是一个确定的值，如果用此标准差确定阈值T_D满足误检率要求，难以得到确定的阈值。为此根据在一段飞行轨迹下的输出极大值x_{max}得到

$$\begin{cases}\eta_{12}=(\delta K_1-\delta K_2)x_{max}+(\varepsilon_1-\varepsilon_2)\\ \eta_{13}=(\delta K_1-\delta K_3)x_{max}+(\varepsilon_1-\varepsilon_3)\\ \eta_{23}=(\delta K_2-\delta K_3)x_{max}+(\varepsilon_2-\varepsilon_3)\end{cases}\tag{3-39}$$

此时，有

$$\eta_{12}\sim N[0,2(x_{max}^2\sigma_K^2+\sigma_{b12}^2)]$$
$$\eta_{13}\sim N[0,2(x_{max}^2\sigma_K^2+\sigma_{b13}^2)]$$
$$\eta_{23}\sim N[0,2(x_{max}^2\sigma_K^2+\sigma_{b23}^2)]$$

它们的标准差为

$$\sigma_{\eta 12}=\sqrt{2(x_{max}^2\sigma_K^2+\sigma_{b12}^2)}$$

$$\sigma_{\eta 13}=\sqrt{2(x_{max}^2\sigma_K^2+\sigma_{b13}^2)}$$

$$\sigma_{\eta 23}=\sqrt{2(x_{max}^2\sigma_K^2+\sigma_{b23}^2)}$$

显然标准差$\sigma_{\eta 12}>\sigma_{\kappa 12}$、$\sigma_{\eta 13}>\sigma_{\kappa 13}$、$\sigma_{\eta 23}>\sigma_{\kappa 23}$，所以如果依照$\sigma_\eta$确定的阈值$T_D$满足误检率要求，那么此$T_D$在一段飞行轨迹下都会满足误检率要求。设安装在 X 轴上的陀螺的表决阈值分别为T_{Dx12}、T_{Dx13}、T_{Dx23}，与式(3-34)类似，可写出阈值为

$$\begin{cases}T_{Dx12}=T_{Dn12}+2.75\sqrt{2(x_{max}^2\sigma_K^2+\sigma_{b12}^2)}\\ T_{Dx13}=T_{Dn13}+2.75\sqrt{2(x_{max}^2\sigma_K^2+\sigma_{b13}^2)}\\ T_{Dx23}=T_{Dn23}+2.75\sqrt{2(x_{max}^2\sigma_K^2+\sigma_{b23}^2)}\end{cases}\tag{3-40}$$

(3) 再考虑安装误差。

为表述方便，需建立器件坐标系。以安装在箭体系X_b轴上的陀

螺为例，器件的敏感轴即器件坐标系的 X_u 轴，器件坐标系的 Y_u 轴与 Z_u 轴和 X_u 轴两两垂直且成右手定则。并且器件在理想安装的情况下，器件坐标系 Y_u 轴与箭体系 Y_b 轴重合，器件坐标系 Z_u 轴与箭体系 Z_b 轴重合(图 3-6)。

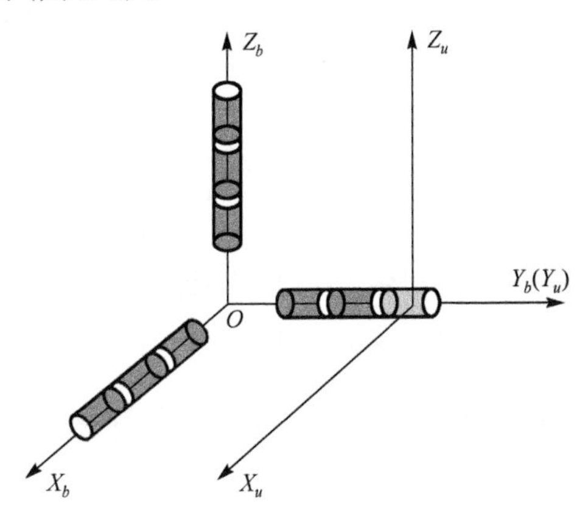

图 3-6　器件坐标系与箭体坐标系关系

当存在安装误差的时候，器件坐标系与箭体坐标系就不完全重合了，它们之间的夹角即为安装误差角。此时，有安装误差的器件可以等效为开始时器件理想安装，即器件坐标系与箭体坐标系完全重合，然后将器件分别绕器件坐标系 Z_u 轴转过 ϕ_z 角度，绕 X_u 轴转过 ϕ_x 角度，绕 Y_u 轴转过 ϕ_y 角度，此时得到的即是实际的器件安装情况。

器件坐标系与箭体坐标系关系用旋转矩阵可表示为

$$\begin{bmatrix} x_u \\ y_u \\ z_u \end{bmatrix} = \begin{bmatrix} \cos\phi_y & 0 & -\sin\phi_y \\ 0 & 1 & 0 \\ \sin\phi_y & 0 & \cos\phi_y \end{bmatrix} \begin{bmatrix} 1 & 0 & 0 \\ 0 & \cos\phi_x & \sin\phi_x \\ 0 & -\sin\phi_x & \cos\phi_x \end{bmatrix} \begin{bmatrix} \cos\phi_z & \sin\phi_z & 0 \\ -\sin\phi_z & \cos\phi_z & 0 \\ 0 & 0 & 1 \end{bmatrix} \begin{bmatrix} x \\ y \\ z \end{bmatrix} \tag{3-41}$$

考虑到 ϕ_x，ϕ_y，ϕ_z 均为小角度，忽略计算式中的二阶小量，则上式可简化为

$$\begin{bmatrix} x_u \\ y_u \\ z_u \end{bmatrix} = \begin{bmatrix} 1 & \phi_z & -\phi_y \\ -\phi_z & 1 & \phi_x \\ \phi_y & -\phi_x & 1 \end{bmatrix} \begin{bmatrix} x \\ y \\ z \end{bmatrix} \tag{3-42}$$

具体到安装在 X_u 轴上的陀螺，将安装在 X_b 轴上的陀螺分别记为 1 号、2 号、3 号，设 1 号陀螺绕器件坐标系 X_u 轴转过角度为 ϕ_{x1}，1 号陀螺绕器件坐标系 Y_u 轴转过角度为 ϕ_{y1}，1 号陀螺绕器件坐标系 Z_u 轴转过角度为 ϕ_{z1}，式(3-42)可表示为

$$\begin{bmatrix} x_{u1} \\ y_{u1} \\ z_{u1} \end{bmatrix} = \begin{bmatrix} 1 & \phi_{z1} & -\phi_{y1} \\ -\phi_{z1} & 1 & \phi_{x1} \\ \phi_{y1} & -\phi_{x1} & 1 \end{bmatrix} \begin{bmatrix} x \\ y \\ z \end{bmatrix} \tag{3-43}$$

因 1 号陀螺的敏感轴即为器件坐标系的 X_u 轴，因此其输出可表示为

$$x_1 = x_{u1} = x + \phi_{z1} y - \phi_{y1} z \tag{3-44}$$

同理，设 2 号陀螺绕 3 轴旋转的角度分别为 ϕ_{x2}、ϕ_{y2}、ϕ_{z2}，3 号陀螺绕 3 轴旋转的角度分别为 ϕ_{x3}、ϕ_{y3}、ϕ_{z3}，这两个陀螺的输出可表示为

$$\begin{cases} x_2 = x + \phi_{z2} y - \phi_{y2} z \\ x_3 = x + \phi_{z3} y - \phi_{y3} z \end{cases} \tag{3-45}$$

综合考虑刻度系数、安装误差及启动漂移，安装在 X_u 轴上的三个陀螺输出可表示为

$$\begin{cases} x_1 = (1 + \delta K_1) x + (\varepsilon_1 + w_1) + \phi_{z1} y - \phi_{y1} z \\ x_2 = (1 + \delta K_2) x + (\varepsilon_2 + w_2) + \phi_{z2} y - \phi_{y2} z \\ x_3 = (1 + \delta K_3) x + (\varepsilon_3 + w_3) + \phi_{z3} y - \phi_{y3} z \end{cases} \tag{3-46}$$

两两相减，可得

$$\begin{cases} x_1 - x_2 = (\delta K_1 - \delta K_2)x + (\varepsilon_1 - \varepsilon_2) + (\phi_{z1} - \phi_{z2})y - (\phi_{y1} - \phi_{y2})z + (w_1 - w_2) \\ x_1 - x_3 = (\delta K_1 - \delta K_3)x + (\varepsilon_1 - \varepsilon_3) + (\phi_{z1} - \phi_{z3})y - (\phi_{y1} - \phi_{y3})z + (w_1 - w_3) \\ x_2 - x_3 = (\delta K_2 - \delta K_3)x + (\varepsilon_2 - \varepsilon_3) + (\phi_{z2} - \phi_{z3})y - (\phi_{y2} - \phi_{y3})z + (w_2 - w_3) \end{cases} \tag{3-47}$$

设由安装误差引起的输出偏差为

$$\begin{aligned} \xi_1 &= (\phi_{z1} - \phi_{z2})y - (\phi_{y1} - \phi_{y2})z \\ \xi_2 &= (\phi_{z1} - \phi_{z3})y - (\phi_{y1} - \phi_{y3})z \\ \xi_3 &= (\phi_{z2} - \phi_{z3})y - (\phi_{y2} - \phi_{y3})z \end{aligned} \tag{3-48}$$

假设ϕ_{xi}、ϕ_{yi}、ϕ_{zi}（$i=1,2,3$）均服从$N(0,\sigma_\phi^2)$分布，那么$(\phi_{xi}-\phi_{xj})$、$(\phi_{yi}-\phi_{yj})$、$(\phi_{zi}-\phi_{zj})$服从$N(0,2\sigma_\phi^2)$。为保证系统的误检率满足要求，将y、z也取运载器飞行过程中的最大值，在此情况下，有

$$\xi_1、\xi_2、\xi_3 \sim N(0,2(y_{\max}^2 + z_{\max}^2)\sigma_\phi^2) \tag{3-49}$$

令$\varDelta_{12}=(\delta K_1 - \delta K_2)x + (\varepsilon_1 - \varepsilon_2) + (\phi_{z1} - \phi_{z2})y - (\phi_{y1} - \phi_{y2})z$，则$\varDelta_{12}$的标准差小于$\sqrt{2(x_{\max}^2\sigma_K^2 + y_{\max}^2\sigma_\phi^2 + z_{\max}^2\sigma_\phi^2) + \sigma_{b1}^2 + \sigma_{b2}^2}$，此时所对应的阈值$T_{\mathrm{D}x}$也应相应增加，可得

$$\begin{aligned} T_{\mathrm{D}x12} &= T_{\mathrm{D}n12} + 2.75\sqrt{2(x_{\max}^2\sigma_K^2 + y_{\max}^2\sigma_\phi^2 + z_{\max}^2\sigma_\phi^2) + \sigma_{b1}^2 + \sigma_{b2}^2} \\ T_{\mathrm{D}x13} &= T_{\mathrm{D}n13} + 2.75\sqrt{2(x_{\max}^2\sigma_K^2 + y_{\max}^2\sigma_\phi^2 + z_{\max}^2\sigma_\phi^2) + \sigma_{b1}^2 + \sigma_{b3}^2} \\ T_{\mathrm{D}x23} &= T_{\mathrm{D}n23} + 2.75\sqrt{2(x_{\max}^2\sigma_K^2 + y_{\max}^2\sigma_\phi^2 + z_{\max}^2\sigma_\phi^2) + \sigma_{b2}^2 + \sigma_{b3}^2} \end{aligned} \tag{3-50}$$

同理可得，对于安装在Y_u轴上的 3 个陀螺，其表决诊断阈值为

$$\begin{aligned} T_{\mathrm{D}y12} &= T_{\mathrm{D}n12} + 2.75\sqrt{2(y_{\max}^2\sigma_K^2 + x_{\max}^2\sigma_\phi^2 + z_{\max}^2\sigma_\phi^2) + \sigma_{b1}^2 + \sigma_{b2}^2} \\ T_{\mathrm{D}y13} &= T_{\mathrm{D}n13} + 2.75\sqrt{2(y_{\max}^2\sigma_K^2 + x_{\max}^2\sigma_\phi^2 + z_{\max}^2\sigma_\phi^2) + \sigma_{b1}^2 + \sigma_{b3}^2} \\ T_{\mathrm{D}y23} &= T_{\mathrm{D}n23} + 2.75\sqrt{2(y_{\max}^2\sigma_K^2 + x_{\max}^2\sigma_\phi^2 + z_{\max}^2\sigma_\phi^2) + \sigma_{b2}^2 + \sigma_{b3}^2} \end{aligned} \tag{3-51}$$

对于安装在Z_u轴上的 3 个陀螺，其表决诊断阈值为

$$
\begin{aligned}
T_{\mathrm{D}z12} &= T_{\mathrm{D}n12} + 2.75\sqrt{2(z_{\max}^2\sigma_K^2 + x_{\max}^2\sigma_\phi^2 + y_{\max}^2\sigma_\phi^2) + \sigma_{b1}^2 + \sigma_{b2}^2} \\
T_{\mathrm{D}z13} &= T_{\mathrm{D}n13} + 2.75\sqrt{2(z_{\max}^2\sigma_K^2 + x_{\max}^2\sigma_\phi^2 + y_{\max}^2\sigma_\phi^2) + \sigma_{b1}^2 + \sigma_{b3}^2} \\
T_{\mathrm{D}z23} &= T_{\mathrm{D}n23} + 2.75\sqrt{2(z_{\max}^2\sigma_K^2 + x_{\max}^2\sigma_\phi^2 + y_{\max}^2\sigma_\phi^2) + \sigma_{b2}^2 + \sigma_{b3}^2}
\end{aligned} \tag{3-52}
$$

同样，当诊断对象为加速度计的时候，其三轴诊断阈值与上文推断方法完全类似，加速度计的误差模型还要考虑加速度计二次项，因没有给出加速度计二次项的统计规律，这里认为加速度计二次项的统计规律满足均值为 0、标准差为 σ_{K2} 的正态分布，处理方法与考虑刻度因数项类似，最终阈值为

$$
\begin{aligned}
T_{\mathrm{D}x12} &= T_{\mathrm{D}n12} + 2.75\sqrt{2(x_{\max}^2\sigma_K^2 + x_{\max}^4\sigma_{K2}^2 + y_{\max}^2\sigma_\phi^2 + z_{\max}^2\sigma_\phi^2) + \sigma_{b1}^2 + \sigma_{b2}^2} \\
T_{\mathrm{D}x13} &= T_{\mathrm{D}n13} + 2.75\sqrt{2(x_{\max}^2\sigma_K^2 + x_{\max}^4\sigma_{K2}^2 + y_{\max}^2\sigma_\phi^2 + z_{\max}^2\sigma_\phi^2) + \sigma_{b1}^2 + \sigma_{b3}^2} \\
T_{\mathrm{D}x23} &= T_{\mathrm{D}n23} + 2.75\sqrt{2(x_{\max}^2\sigma_K^2 + x_{\max}^4\sigma_{K2}^2 + y_{\max}^2\sigma_\phi^2 + z_{\max}^2\sigma_\phi^2) + \sigma_{b2}^2 + \sigma_{b3}^2}
\end{aligned} \tag{3-53}
$$

同理，对于安装在箭体系 Y_b 轴上的加速度计，其阈值确定公式为

$$
\begin{aligned}
T_{\mathrm{D}y12} &= T_{\mathrm{D}n12} + 2.75\sqrt{2(y_{\max}^2\sigma_K^2 + y_{\max}^4\sigma_{K2}^2 + x_{\max}^2\sigma_\phi^2 + z_{\max}^2\sigma_\phi^2) + \sigma_{b1}^2 + \sigma_{b2}^2} \\
T_{\mathrm{D}y13} &= T_{\mathrm{D}n13} + 2.75\sqrt{2(y_{\max}^2\sigma_K^2 + y_{\max}^4\sigma_{K2}^2 + x_{\max}^2\sigma_\phi^2 + z_{\max}^2\sigma_\phi^2) + \sigma_{b1}^2 + \sigma_{b3}^2} \\
T_{\mathrm{D}y23} &= T_{\mathrm{D}n23} + 2.75\sqrt{2(y_{\max}^2\sigma_K^2 + y_{\max}^4\sigma_{K2}^2 + x_{\max}^2\sigma_\phi^2 + z_{\max}^2\sigma_\phi^2) + \sigma_{b2}^2 + \sigma_{b3}^2}
\end{aligned} \tag{3-54}
$$

对于安装在箭体系 Z_b 轴上的加速度计，其阈值确定公式为

$$
\begin{aligned}
T_{\mathrm{D}z12} &= T_{\mathrm{D}n12} + 2.75\sqrt{2(z_{\max}^2\sigma_K^2 + z_{\max}^4\sigma_{K2}^2 + x_{\max}^2\sigma_\phi^2 + y_{\max}^2\sigma_\phi^2) + \sigma_{b1}^2 + \sigma_{b2}^2} \\
T_{\mathrm{D}z13} &= T_{\mathrm{D}n13} + 2.75\sqrt{2(z_{\max}^2\sigma_K^2 + z_{\max}^4\sigma_{K2}^2 + x_{\max}^2\sigma_\phi^2 + y_{\max}^2\sigma_\phi^2) + \sigma_{b1}^2 + \sigma_{b3}^2} \\
T_{\mathrm{D}z23} &= T_{\mathrm{D}n23} + 2.75\sqrt{2(z_{\max}^2\sigma_K^2 + z_{\max}^4\sigma_{K2}^2 + x_{\max}^2\sigma_\phi^2 + y_{\max}^2\sigma_\phi^2) + \sigma_{b2}^2 + \sigma_{b3}^2}
\end{aligned} \tag{3-55}
$$

3.2.2　奇偶向量法

1. 奇偶向量法基本思想

假定余度传感器的配置有 m 个传感器，其量测方程中仅含有噪声干扰作用，即

$$\boldsymbol{Z}=\boldsymbol{H}\boldsymbol{X}+\boldsymbol{\varepsilon} \tag{3-56}$$

式中，$\boldsymbol{X}\in\mathbf{R}^n$ 是待测的导航状态(比力或角速度)；$\boldsymbol{Z}\in\mathbf{R}^m$ 是 m 个传感器的量测值($m\geqslant n$)；$\boldsymbol{H}$ 是传感器的配置几何矩阵；$\boldsymbol{\varepsilon}$ 是高斯白噪声。

定义如下奇偶方程：

$$\boldsymbol{p}=\boldsymbol{V}\boldsymbol{Z} \tag{3-57}$$

式中，$\boldsymbol{p}$ 为奇偶向量，$\boldsymbol{V}$ 是待定的行满秩矩阵。显然，$\boldsymbol{p}=\boldsymbol{V}\boldsymbol{H}\boldsymbol{X}+\boldsymbol{V}\boldsymbol{\varepsilon}$。为使其独立于待测状态 $\boldsymbol{X}$ 而仅与噪声或可能的故障有关，应使

$$\boldsymbol{V}\boldsymbol{H}=0 \tag{3-58}$$

将式(3-58)代入式(3-57)，得

$$\boldsymbol{p}=\boldsymbol{V}\boldsymbol{\varepsilon} \tag{3-59}$$

传感器无故障时，奇偶向量仅是噪声的函数。而当传感器发生故障时量测方程变为

$$\boldsymbol{Z}=\boldsymbol{H}\boldsymbol{X}+\boldsymbol{b}_{\mathrm{f}}+\boldsymbol{\varepsilon} \tag{3-60}$$

式中，$\boldsymbol{b}_{\mathrm{f}}$ 是故障向量，其对应于有故障的传感器的元不为零，其他元均为零。同理可得

$$\boldsymbol{p}=\boldsymbol{V}\boldsymbol{\varepsilon}+\boldsymbol{V}\boldsymbol{b}_{\mathrm{f}} \tag{3-61}$$

这时奇偶向量不仅与噪声有关，还与故障有关。正是奇偶向量在有故障和无故障情况下表现出来的不一致性，为故障检测提供了基础。奇偶向量算法具体流程如下。

①依据传感器的安装关系求 $\boldsymbol{H}$ 阵；

②由 $\boldsymbol{H}$ 阵求出 $\boldsymbol{H}$ 的左邻空间 $\boldsymbol{V}$ 阵；

③由 $\boldsymbol{V}$ 阵求奇偶向量 $\boldsymbol{p}$；

④由 $\boldsymbol{p}$ 阵求判断函数 DF_{d}，再与门限做比较，判断系统是否出现故障。

假定高斯随机向量 $\boldsymbol{\varepsilon}$ 有以下统计特性：

$$E\{\boldsymbol{\varepsilon}\}=0, E\{\boldsymbol{\varepsilon}\boldsymbol{\varepsilon}^{\mathrm{T}}\}=\sigma^2\boldsymbol{I} \tag{3-62}$$

奇偶向量 $\boldsymbol{p}$ 在无故障假设 $\boldsymbol{H}_0$ 及有故障假设 $\boldsymbol{H}_1$ 情况下的统计特性为

$$\boldsymbol{H}_0:\ E\{\boldsymbol{p}\}=0，\ E\{\boldsymbol{p}\boldsymbol{p}^{\mathrm{T}}\}=\sigma^2\boldsymbol{V}\boldsymbol{V}^{\mathrm{T}} \tag{3-63}$$

$$\boldsymbol{H}_1:\ E\{\boldsymbol{p}\}=\boldsymbol{\mu}，\ E\{(\boldsymbol{p}-\boldsymbol{\mu})(\boldsymbol{p}-\boldsymbol{\mu})^{\mathrm{T}}\}=\sigma^2\boldsymbol{V}\boldsymbol{V}^{\mathrm{T}} \tag{3-64}$$

式中，$\boldsymbol{\mu}=\boldsymbol{V}\boldsymbol{b}_{\mathrm{f}}$，为确定某种假设的合理性，定义如下对数似然比：

$$\Lambda(p)=\ln\frac{p_r(\boldsymbol{p}/\boldsymbol{H}_1)}{p_r(\boldsymbol{p}/\boldsymbol{H}_0)} \tag{3-65}$$

式中，$p_r(\cdot/\cdot)$表示正态条件概率密度函数。由式(3-63)及式(3-64)可得

$$\Lambda(\boldsymbol{p})=\frac{1}{2}[\boldsymbol{p}^{\mathrm{T}}(\boldsymbol{V}\boldsymbol{V}^{\mathrm{T}})^{-1}\boldsymbol{p}-(\boldsymbol{p}-\boldsymbol{\mu})^{\mathrm{T}}(\boldsymbol{V}\boldsymbol{V}^{\mathrm{T}})^{-1}(\boldsymbol{p}-\boldsymbol{\mu})] \tag{3-66}$$

式中，$\boldsymbol{\mu}$ 是未知向量。由式(3-66)可求得其极大似然估计为

$$\hat{\boldsymbol{\mu}}=\boldsymbol{p} \tag{3-67}$$

将式(3-67)代入式(3-66)得

$$\Lambda(\boldsymbol{p})=\frac{1}{2}[\boldsymbol{p}^{\mathrm{T}}(\boldsymbol{V}\boldsymbol{V}^{\mathrm{T}})^{-1}\boldsymbol{p}] \tag{3-68}$$

故障判决函数 DF_{d} 可定义为

$$DF_{\mathrm{d}}=\frac{1}{\sigma^2}\boldsymbol{p}^{\mathrm{T}}(\boldsymbol{V}\boldsymbol{V}^{\mathrm{T}})^{-1}\boldsymbol{p} \tag{3-69}$$

故障判决准则为

$$\begin{cases}若DF_{\mathrm{d}} > T_{\mathrm{D}}, & 判定有故障 \\ 若DF_{\mathrm{d}} \leqslant T_{\mathrm{D}}, & 判定无故障\end{cases} \tag{3-70}$$

式中，T_{D} 是预先设定的门限，由式(3-59)可知 $\boldsymbol{p}$ 无故障时为高斯型随机向量，若 $\boldsymbol{p} \in \mathbf{R}^k$，则 $DF_{\mathrm{d}} \sim \chi^2(k)$，当给定误检率时，可由 $\chi^2(n)$ 分布表确定 T_{D}。

检测到故障就要进行隔离，为此要检验以下 m 个假设。

$\boldsymbol{H}_i$：第 i 个传感器发生故障 i=1,2,⋯,m。假定第 j 个传感器发生故障，则式(3-60)中的故障向量可写成

$$\boldsymbol{b}_{\mathrm{f}} = \boldsymbol{e}_j f \tag{3-71}$$

式中，$\boldsymbol{e}_j$ 单位向量，它的第 j 个元为 1，其他元为零；f 为故障大小，可得

$$\boldsymbol{\mu} = \boldsymbol{V}\boldsymbol{b}_{\mathrm{f}} = \boldsymbol{V}\boldsymbol{e}_j f = f\boldsymbol{v}_j \tag{3-72}$$

式中，$\boldsymbol{v}_j$ 是矩阵 $\boldsymbol{V}$ 的第 j 列。

在假设 $\boldsymbol{H}_j$ 的情况下，奇偶向量 $\boldsymbol{p}$ 的统计特性为

$$\boldsymbol{H}_j\text{:}\ \ E\{\boldsymbol{p}\} = f\boldsymbol{v}_j,\ \ E\{(\boldsymbol{p} - f\boldsymbol{v}_j)(\boldsymbol{p} - f\boldsymbol{v}_j)^{\mathrm{T}}\} = \sigma^2\boldsymbol{V}\boldsymbol{V}^{\mathrm{T}} \tag{3-73}$$

此时，有关奇偶向量 $\boldsymbol{p}$ 的似然函数为

$$p_r(\boldsymbol{p} / \boldsymbol{H}_j) = K\exp\left\{-\frac{1}{2\sigma^2}(\boldsymbol{p} - f\boldsymbol{v}_j)^{\mathrm{T}}(\boldsymbol{V}\boldsymbol{V}^{\mathrm{T}})^{-1}(\boldsymbol{p} - f\boldsymbol{v}_j)\right\} \tag{3-74}$$

式中，K 为常数，f 是待估计的故障量大小(标量)。由式(3-74)求得 f 的极大似然估计为

$$\hat{f} = \frac{\boldsymbol{p}^{\mathrm{T}}(\boldsymbol{V}\boldsymbol{V}^{\mathrm{T}})^{-1}\boldsymbol{v}_j}{\boldsymbol{v}_j^{\mathrm{T}}(\boldsymbol{V}\boldsymbol{V}^{\mathrm{T}})^{-1}\boldsymbol{v}_j} \tag{3-75}$$

将式(3-75)代入式(3-74)并取对数，再略去一些常数，可得到以下故障判决函数：

$$DF_{\mathrm{I}j} = \frac{[\boldsymbol{p}^{\mathrm{T}}(\boldsymbol{V}\boldsymbol{V}^{\mathrm{T}})^{-1}\boldsymbol{v}_j]^2}{\boldsymbol{v}_j^{\mathrm{T}}(\boldsymbol{V}\boldsymbol{V}^{\mathrm{T}})^{-1}\boldsymbol{v}_j} \tag{3-76}$$

若 $DF_{lk}=\max DF_{lj}$（$j=1,2,\cdots,m$）最大，表明第 k 个传感器极有可能已经发生故障。

2. 奇偶向量法的阈值确定方法

仍以安装在箭体系 X_b 轴上的 3 个陀螺为诊断对象进行讨论，当惯组同轴安装，其安装矩阵可表示为 $\boldsymbol{H}=[1,1,1]^{\mathrm{T}}$，利用 potter 算法可算出其对应的 $\boldsymbol{V}$ 阵为

$$\boldsymbol{V}=\begin{bmatrix}0.8165 & -0.4082 & -0.4082\\ 0 & 0.7071 & -0.7071\end{bmatrix} \tag{3-77}$$

此时，

$$\boldsymbol{V}\boldsymbol{V}^{\mathrm{T}}=\begin{bmatrix}1 & 0\\ 0 & 1\end{bmatrix} \tag{3-78}$$

$$\boldsymbol{V}^{\mathrm{T}}\boldsymbol{V}=\frac{1}{3}\begin{bmatrix}2 & -1 & -1\\ -1 & 2 & -1\\ -1 & -1 & 2\end{bmatrix} \tag{3-79}$$

仅考虑陀螺启动漂移，传感器的量测输出可表示为

$$\boldsymbol{S}=\boldsymbol{H}\boldsymbol{X}+\boldsymbol{\varepsilon}+\boldsymbol{w} \tag{3-80}$$

其中，$\boldsymbol{w}$ 为陀螺的启动漂移，由 shim 等的文章可知陀螺的启动漂移满足均值为 0、标准差为 σ_b 的正态分布。

那么判决函数

$$DF_{\mathrm{d}}=\frac{1}{\sigma_n^2}\boldsymbol{p}^{\mathrm{T}}\boldsymbol{p}=\frac{1}{\sigma_n^2}(\boldsymbol{V}\boldsymbol{w}+\boldsymbol{V}\boldsymbol{\varepsilon})^{\mathrm{T}}(\boldsymbol{V}\boldsymbol{w}+\boldsymbol{V}\boldsymbol{\varepsilon}) \tag{3-81}$$

$$DF_{\mathrm{d}}=\frac{1}{\sigma_n^2}(\boldsymbol{w}^{\mathrm{T}}\boldsymbol{V}^{\mathrm{T}}\boldsymbol{V}\boldsymbol{w}+\boldsymbol{\varepsilon}^{\mathrm{T}}\boldsymbol{V}^{\mathrm{T}}\boldsymbol{V}\boldsymbol{\varepsilon}+\boldsymbol{w}^{\mathrm{T}}\boldsymbol{V}^{\mathrm{T}}\boldsymbol{V}\boldsymbol{\varepsilon}+\boldsymbol{\varepsilon}^{\mathrm{T}}\boldsymbol{V}^{\mathrm{T}}\boldsymbol{V}\boldsymbol{w}) \tag{3-82}$$

因为 $\frac{1}{\sigma_n^2}\boldsymbol{\varepsilon}^{\mathrm{T}}\boldsymbol{V}^{\mathrm{T}}\boldsymbol{V}\boldsymbol{\varepsilon}\sim\chi^2(2)$ 分布(因传感器有 3 个，待观测量为 1 个)，类似可得 $\frac{1}{\sigma_b^2}\boldsymbol{w}^{\mathrm{T}}\boldsymbol{V}^{\mathrm{T}}\boldsymbol{V}\boldsymbol{w}\sim\chi^2(2)$ 分布。

设其中 $\boldsymbol{w}=[w_1 \quad w_2 \quad w_2]^{\mathrm{T}}$，$\boldsymbol{\varepsilon}=[\varepsilon_1 \quad \varepsilon_2 \quad \varepsilon_3]^{\mathrm{T}}$，所以有

$$\begin{aligned}\boldsymbol{\varepsilon}^{\mathrm{T}}\boldsymbol{V}^{\mathrm{T}}\boldsymbol{V}\boldsymbol{w}=&\frac{2}{3}\varepsilon_1 w_1-\frac{1}{3}\varepsilon_2 w_1-\frac{1}{3}\varepsilon_3 w_1-\frac{1}{3}\varepsilon_1 w_2+\frac{2}{3}\varepsilon_2 w_2-\frac{1}{3}\varepsilon_3 w_2\\&-\frac{1}{3}\varepsilon_1 w_3-\frac{1}{3}\varepsilon_2 w_3+\frac{2}{3}\varepsilon_3 w_3\end{aligned} \tag{3-83}$$

因为

$$\varepsilon_j^2+2w_i\varepsilon_j+w_i^2=(\varepsilon_j+w_i)^2\geqslant 0$$

所以

$$w_i\varepsilon_j\geqslant-\frac{1}{2}(\varepsilon_j^2+w_i^2)$$

因为

$$\varepsilon_j^2-2w_i\varepsilon_j+w_i^2=(\varepsilon_j-w_i)^2\geqslant 0$$

所以

$$w_i\varepsilon_j\leqslant\frac{1}{2}(\varepsilon_j^2+w_i^2)$$

所以

$$-\frac{1}{2}(\varepsilon_j^2+w_i^2)\leqslant w_i\varepsilon_j\leqslant\frac{1}{2}(\varepsilon_j^2+w_i^2) \tag{3-84}$$

$$\begin{aligned}&-\frac{2}{3}(\varepsilon_1^2+\varepsilon_2^2+\varepsilon_3^2+w_1^2+w_2^2+w_3^2)\leqslant\boldsymbol{w}^{\mathrm{T}}\boldsymbol{V}^{\mathrm{T}}\boldsymbol{V}\boldsymbol{\varepsilon}\\&\leqslant\frac{2}{3}(\varepsilon_1^2+\varepsilon_2^2+\varepsilon_3^2+w_1^2+w_2^2+w_3^2)\end{aligned} \tag{3-85}$$

由式(3-82)再综合式(3-83)～式(3-85)可推导出

$$\begin{aligned}DF_{\mathrm{d}}\leqslant&\frac{1}{\sigma_n^2}\boldsymbol{\varepsilon}^{\mathrm{T}}\boldsymbol{V}^{\mathrm{T}}\boldsymbol{V}\boldsymbol{\varepsilon}+\frac{\sigma_b^2}{\sigma_n^2}\frac{\boldsymbol{w}^{\mathrm{T}}\boldsymbol{V}^{\mathrm{T}}\boldsymbol{V}\boldsymbol{w}}{\sigma_b^2}\\&+\frac{4}{3}\cdot\frac{\sigma_b^2}{\sigma_n^2}\frac{(w_1^2+w_2^2+w_3^2)}{\sigma_b^2}+\frac{4}{3}\cdot\frac{(\varepsilon_1^2+\varepsilon_2^2+\varepsilon_3^2)}{\sigma_n^2}\end{aligned} \tag{3-86}$$

在实际故障诊断中，设

$$
\begin{aligned}
DF_{\mathrm{d1}} &= \frac{1}{\sigma_n^2}\boldsymbol{\varepsilon}^{\mathrm{T}}\boldsymbol{V}^{\mathrm{T}}\boldsymbol{V}\boldsymbol{\varepsilon} + \frac{\sigma_b^2}{\sigma_n^2}\frac{\boldsymbol{w}^{\mathrm{T}}\boldsymbol{V}^{\mathrm{T}}\boldsymbol{V}\boldsymbol{w}}{\sigma_b^2} \\
&\quad + \frac{4}{3}\cdot\frac{\sigma_b^2}{\sigma_n^2}\frac{(w_1^2+w_2^2+w_3^2)}{\sigma_b^2} + \frac{4}{3}\cdot\frac{(\varepsilon_1^2+\varepsilon_2^2+\varepsilon_3^2)}{\sigma_n^2}
\end{aligned}
\tag{3-87}
$$

因为系统实际的判决函数 DF_{d} 统计规律较难确定，这里用 DF_{d1} 的统计规律来近似代替 DF_{d} 的统计规律，因为 $DF_{\mathrm{d}} \leqslant DF_{\mathrm{d1}}$，所以用 DF_{d1} 的统计规律最终确定的阈值将会偏大，以此阈值作为系统诊断阈值时系统的实际误检率要比理想值要低。式(3-87)中 $\frac{1}{\sigma_n^2}\boldsymbol{w}^{\mathrm{T}}\boldsymbol{V}^{\mathrm{T}}\boldsymbol{V}\boldsymbol{w}$、$\frac{\boldsymbol{\varepsilon}^{\mathrm{T}}\boldsymbol{V}^{\mathrm{T}}\boldsymbol{V}\boldsymbol{\varepsilon}}{\sigma_b^2}$ 服从 $\chi^2(2)$ 分布、$\frac{(\varepsilon_1^2+\varepsilon_2^2+\varepsilon_3^2)}{\sigma_b^2}$、$\frac{(w_1^2+w_2^2+w_3^2)}{\sigma_n^2}$ 服从 $\chi^2(3)$ 分布。当取误检率为 α，可取阈值

$$
T_{\mathrm{D}} = \chi_\alpha^2(2) + \frac{\sigma_b^2}{\sigma_n^2}\chi_\alpha^2(2) + \frac{4}{3}\chi_\alpha^2(3) + \frac{4}{3}\frac{\sigma_b^2}{\sigma_n^2}\chi_\alpha^2(3) \tag{3-88}
$$

再考虑安装误差与刻度因数偏差，可得惯组的输出值为

$$
\boldsymbol{S} = (\boldsymbol{I} + \delta\boldsymbol{K})\boldsymbol{H}\boldsymbol{X} + \boldsymbol{\phi}_z\boldsymbol{Y} - \boldsymbol{\phi}_y\boldsymbol{Z} + \boldsymbol{w} + \boldsymbol{\varepsilon} \tag{3-89}
$$

式中，$\boldsymbol{X}$ 为运载火箭飞行过程中绕箭体 X_b 轴的角速度分量；$\boldsymbol{Y}$、$\boldsymbol{Z}$ 为运载火箭飞行过程中绕箭体系 Y_b 轴的角速度分量与绕箭体系 Z_b 轴的角速度分量；此时 $\boldsymbol{X}$、$\boldsymbol{Y}$、$\boldsymbol{Z}$ 均为一维矢量，为了与一般习惯相一致，将 $\boldsymbol{X}$、$\boldsymbol{Y}$、$\boldsymbol{Z}$ 用 x、y、z 代替，式(3-89)可变为

$$
\boldsymbol{S} = (\boldsymbol{I} + \delta\boldsymbol{K})\boldsymbol{H}x + \boldsymbol{\phi}_z y - \boldsymbol{\phi}_y z + \boldsymbol{w} + \boldsymbol{\varepsilon} \tag{3-90}
$$

式中，

$$
\delta\boldsymbol{K} = \begin{bmatrix} \delta K_1 & 0 & 0 \\ 0 & \delta K_2 & 0 \\ 0 & 0 & \delta K_3 \end{bmatrix} \tag{3-91}
$$

$$
\boldsymbol{\phi}_z = [\phi_{z1} \quad \phi_{z2} \quad \phi_{z3}]^{\mathrm{T}} \tag{3-92}
$$

$$\boldsymbol{\phi}_y = [\phi_{y1} \quad \phi_{y2} \quad \phi_{y3}]^{\mathrm{T}} \tag{3-93}$$

不失一般性，假设安装误差与刻度因数均服从标准正态分布，即

$$\delta K_i \sim N(0,\sigma_K^2), \phi_{zi} \sim N(0,\sigma_\varphi^2), \phi_{yi} \sim N(0,\sigma_\varphi^2) \ (i=1,2,3) \tag{3-94}$$

设

$$\boldsymbol{b}_1 = \delta \boldsymbol{K}\boldsymbol{H}x + \boldsymbol{\phi}_z y - \boldsymbol{\phi}_y z + \boldsymbol{w} \tag{3-95}$$

那么

$$\boldsymbol{Z} = \boldsymbol{H}x + \boldsymbol{b}_1 + \boldsymbol{\varepsilon} \tag{3-96}$$

设 $\boldsymbol{b}_1 = [b_{11} \quad b_{12} \quad b_{12}]^{\mathrm{T}}$，那么

$$\begin{cases} b_{11} = \delta K_1 x + \phi_{z1} y - \phi_{y1} z + w_1 \\ b_{12} = \delta K_2 x + \phi_{z2} y - \phi_{y2} z + w_2 \\ b_{13} = \delta K_3 x + \phi_{z3} y - \phi_{y3} z + w_3 \end{cases} \tag{3-97}$$

因为$\varepsilon_i \sim N(0,\sigma_b^2)$，$\delta K_i \sim N(0,\sigma_K^2)$，$\phi_{zi} \sim N(0,\sigma_\varphi^2)$，$\phi_{yi} \sim N(0,\sigma_\varphi^2)$（$i=1,2,3$），所以

$$\sigma_{b11}^2 = \sigma_{b12}^2 = \sigma_{b13}^2 = \sigma_b^2 + x^2\sigma_K^2 + y^2\sigma_\phi^2 + z^2\sigma_\phi^2 \tag{3-98}$$

设 $\boldsymbol{b}_t = [b_{t1} \quad b_{t2} \quad b_{t3}]^{\mathrm{T}}$，且令

$$\boldsymbol{b}_t = \delta \boldsymbol{K}\boldsymbol{H}x_{\max} + \boldsymbol{\phi}_z y_{\max} + \boldsymbol{\phi}_y z_{\max} + \boldsymbol{\varepsilon} \tag{3-99}$$

那么对应地

$$\begin{aligned} b_{t1} &= \delta K_1 x_{\max} + \phi_{z1} y_{\max} + \phi_{y1} z_{\max} + \varepsilon_1 \\ b_{t2} &= \delta K_2 x_{\max} + \phi_{z2} y_{\max} + \phi_{y2} z_{\max} + \varepsilon_2 \\ b_{t3} &= \delta K_3 x_{\max} + \phi_{z3} y_{\max} + \phi_{y3} z_{\max} + \varepsilon_3 \end{aligned} \tag{3-100}$$

所以

$$\sigma_{bt1}^2 = \sigma_{bt2}^2 = \sigma_{bt3}^2 = \sigma_b^2 + x_{\max}^2\sigma_K^2 + y_{\max}^2\sigma_\phi^2 + z_{\max}^2\sigma_\phi^2 \tag{3-101}$$

式中，$x_{\max}$ 为运载火箭飞行过程中绕箭体系 X_b 轴的角速度分量最大

值，$y_{\max}$ 为运载火箭飞行过程中绕箭体系 Y_b 轴的角速度分量最大值，$z_{\max}$ 为运载火箭飞行过程中绕箭体系 Z_b 轴的角速度分量最大值。

对比式(3-101)与式(3-96)，因为 $x_{\max} \geqslant x$，$y_{\max} \geqslant y$，$z_{\max} \geqslant z$，所以 $\sigma_{bti} \geqslant \sigma_{b1i}$，即向量 $\boldsymbol{b}_t$ 中的每一个分量方差都相等，向量 $\boldsymbol{b}_1$ 每一个分量方差也相等，且向量 $\boldsymbol{b}_t$ 中每一个分量的方差均大于向量 $\boldsymbol{b}_1$ 中每一个分量的方差。所以当依据偏差向量 $\boldsymbol{b}_t$ 确定的阈值诊断结果满足误检率要求时，偏差向量为 $\boldsymbol{b}_1$ 时肯定也满足误检率要求。因为 $\boldsymbol{p} = \boldsymbol{VS} = \boldsymbol{Vb}_t + \boldsymbol{Vw}$，那么判决函数

$$DF_{\mathrm{d}} = \frac{1}{\sigma_n^2}\boldsymbol{p}^{\mathrm{T}}\boldsymbol{p} = \frac{1}{\sigma_n^2}(\boldsymbol{Vb}_t + \boldsymbol{V\varepsilon})^{\mathrm{T}}(\boldsymbol{Vb}_t + \boldsymbol{V\varepsilon}) \tag{3-102}$$

$$DF_{\mathrm{d}} = \frac{1}{\sigma_n^2}(\boldsymbol{\varepsilon}^{\mathrm{T}}\boldsymbol{V}^{\mathrm{T}}\boldsymbol{V\varepsilon} + \boldsymbol{b}_t^{\mathrm{T}}\boldsymbol{V}^{\mathrm{T}}\boldsymbol{Vb}_t + \boldsymbol{\varepsilon}^{\mathrm{T}}\boldsymbol{V}^{\mathrm{T}}\boldsymbol{Vb}_t + \boldsymbol{b}_t^{\mathrm{T}}\boldsymbol{V}^{\mathrm{T}}\boldsymbol{V\varepsilon}) \tag{3-103}$$

令 $\sigma_t^2 = \sigma_{bti}^2 = \sigma_b^2 + x_{\max}^2\sigma_K^2 + y_{\max}^2\sigma_\phi^2 + z_{\max}^2\sigma_\phi^2$，与仅考虑常值偏差类似，可知 $\dfrac{1}{\sigma_n^2}\boldsymbol{\varepsilon}^{\mathrm{T}}\boldsymbol{V}^{\mathrm{T}}\boldsymbol{V\varepsilon}$、$\dfrac{\boldsymbol{b}_t^{\mathrm{T}}\boldsymbol{V}^{\mathrm{T}}\boldsymbol{Vb}_t}{\sigma_t^2}$ 服从 $\chi^2(2)$ 分布、$\dfrac{(b_{t1}^2 + b_{t2}^2 + b_{t3}^2)}{\sigma_t^2}$、$\dfrac{(w_1^2 + w_2^2 + w_3^2)}{\sigma_n^2}$ 服从 $\chi^2(3)$ 分布。当取误检率为 α 时，可令阈值

$$T_{\mathrm{D}} = \chi_\alpha^2(2) + \frac{\sigma_t^2}{\sigma_n^2}\chi_\alpha^2(2) + \frac{4}{3}\chi_\alpha^2(3) + \frac{4}{3}\frac{\sigma_t^2}{\sigma_n^2}\chi_\alpha^2(3) \tag{3-104}$$

3.3 小　　结

本章着重介绍了冗余捷联惯组故障辨识方法，首先分析了冗余捷联惯组的设计参考指标，并推导了冗余构型的理论最佳设计方案。在此基础上介绍了两种故障诊断方法：表决法和奇偶向量法。其中，表决法适用于整机三冗余的配置；奇偶向量法不仅适用于三机表决的配置，更适于用单机多表的构型，是冗余传感器分析的基

础算法，并且分别用这两种算法对常见的三机冗余配置的阈值设计进行了详尽分析。

参 考 文 献

付军. 捷联惯导算法研究及系统仿真[D]. 哈尔滨：哈尔滨工业大学，2007.

郭思岩. 捷联系统的冗余配置与故障管理方案研究[D]. 哈尔滨：哈尔滨工业大学, 2010.

何友, 王国宏, 陆大金, 等. 多传感器信息融合及应用[M]. 北京：电子工业出版社, 2007.

梁海波, 许昊, 吕章刚, 等. 基于支持向量机的冗余陀螺故障诊断方法[J]. 航天控制, 2014, 32(5)：77-83.

吴凤喜, 刘海颖, 华冰. 斜表冗余传感器的分布式导航系统研究[J]. 宇航学报，2014, 36(2): 173-178.

Allerton D J, Jia H. An error compensation method for skewed redundant inertial configuration[J]. Journal of Neurology & Neurorehabilitation, 2002.

Allerton D J, Jia H. A review of multisensor fusion methodologies for aircraft navigation systems[J]. Journal of Navigation, 2005, 58(3): 405-417.

Bar-ItzhackI Y, Harman R R. In-space calibration of a skewed gyro quadruplet[J]. Journal of Guidance Control & Dynamics, 2002, 25(5): 852-859.

Guerrier S, Waegli A, Skaloud J, et al. Fault detection and isolation in multiple MEMS-IMUs configurations[J]. IEEE Transactions on Aerospace and Electronic Systems, 2012, 48(3): 2015-2031.

Huang H B, Sun D, Mills J K, et al. Best sensor configuration and accommodation rule based on navigation performance for INS with seven inertial sensors[J]. Sensors, 2009, 9(11): 8456-8472.

Jia H M. Data fusion methodologies for multi-sensor aircraft navigation system[D]. Cranfield: Cranfield University, 2004.

Julier S J, Uhlmann J K, Durrant-Whyte H F. A new method for nonlinear transformation of means and covariances in filters and estimators[J]. IEEE Transactions on Automatic Control, 2000, 45(3): 477-482.

Lee W H, Park C G. A fault detection method of redundant IMU using modified principal component analysis[J]. International Journal of Aeronautical & Space Sciences, 2012, 13(3): 398-404.

Shim D S, Yang C K. Optimal configuration of redundant inertial sensors for navigation and FDI performance[J]. Sensors, 2010, 10(7): 6497-6512.

Song L, Zhang C, Lu J, et al. Self-alignment of full skewed RSINS: Observability analysis and full-observable Kalman filter[J]. Journal of Systems Engineering and Electronics, 2014, 25(1): 104-114.

Song Q, Han J D. An adaptive UKF algorithm for the state and parameter estimation of a mobile robot[J]. Acta Automatica Sinica, 2008, 34(1): 72-79.

Titterton D, Weston J. Strapdown Inertial Navigation Technology[M]. London: Peter Peregrinus Ltd., 2004.

Yang C K, Shim D S. Accommodation rule with faulty sensors based on system performance[C]//Proceedings of the 5th Asian Control Conference, 2004: 1101-1106.

Zhou W, Li X, Zhao S. Condition monitoring and information management for skew redundant strapdown inertial measurement unit[C]// 2018 13th IEEE Conference on Industrial Electronics and Applications (ICIEA). IEEE, 2018.

第4章　冗余惯组重构技术

智慧火箭要求故障后的冗余捷联惯组能自重构，控制系统应具备在传感器出现故障的情况下，选择剩余的传感器通过数据融合进行冗余重构。

重构技术有多种方法，取决于具体的应用配置、精度与可靠度要求。每种方法都有其适用范围，需要在具体问题中寻找适合该问题的解决方法。本章主要介绍冗余捷联惯组重构的经典理论方法及在运载火箭工程应用上的重构策略。

4.1　经典奇偶校验方法

奇偶方程的故障检测原理是基于空间四个矢量之间存在线性相关的性质，即在空间中的任何一个矢量 $\boldsymbol{E}_a$ 均可由三个不共面的矢量 $\boldsymbol{E}_b$、$\boldsymbol{E}_c$、$\boldsymbol{E}_d$ 所构成的平行六面体表达，四个矢量存在如下关系：

$$a\boldsymbol{E}_a + b\boldsymbol{E}_b + c\boldsymbol{E}_c + d\boldsymbol{E}_d = 0 \tag{4-1}$$

根据式(4-1)可知，冗余惯组中任意四个测量轴线不共面的陀螺(或加表)存在线性相关方程：

$$\alpha m_a + \beta m_b + \gamma m_c + \delta m_d = 0 \tag{4-2}$$

其中，α、β、γ、δ 由四个惯性器件的测量轴线唯一确定，由于惯性器件存在各种误差，因此式(4-2)不是绝对为零的，在实际判断中设置判断门限 ε，即通过下式判断：

$$\left|\alpha m_a + \beta m_b + \gamma m_c + \delta m_d\right| \leqslant \varepsilon \tag{4-3}$$

根据冗余惯性测量组合的实际配置设计相应的奇偶方程可以对故障器件进行检测和识别。以应用的三正交两斜置五表为例，这

种配置下的校验公式为

$$\begin{cases} |\Delta s| = |k_{sx}\omega_x + k_{sy}\omega_y + k_{sz}\omega_z - \omega_s| \leqslant \varepsilon_s \\ |\Delta t| = |k_{tx}\omega_x + k_{ty}\omega_y + k_{tz}\omega_z - \omega_t| \leqslant \varepsilon_t \\ |\Delta xy| = |k_{tz}\omega_s - k_{sz}\omega_t + (k_{sz}k_{tx} - k_{tz}k_{sx})\omega_x + (k_{sz}k_{ty} - k_{tz}k_{sy})\omega_y| \leqslant \varepsilon_{xy} \\ |\Delta xz| = |k_{ty}\omega_s - k_{sy}\omega_t + (k_{sy}k_{tx} - k_{ty}k_{sx})\omega_x + (k_{sy}k_{tz} - k_{ty}k_{sz})\omega_z| \leqslant \varepsilon_{xz} \\ |\Delta yz| = |k_{tx}\omega_s - k_{sx}\omega_t + (k_{sx}k_{ty} - k_{tx}k_{sy})\omega_y + (k_{sx}k_{tz} - k_{tx}k_{sz})\omega_z| \leqslant \varepsilon_{yz} \end{cases} \tag{4-4}$$

其中，ω_i 为惯性器件测量值(i=x、y、z、s、t)；k_{sx}、k_{sy}、k_{sz}、k_{tx}、k_{ty}、k_{tz} 为两斜轴投影系数；ε_s、ε_t、ε_{xy}、ε_{xz}、ε_{yz} 为判断门限。

将式(4-4)中 5 个奇偶方程成立与否用 5 个二进制数 K_i(i=1,2,3,4,5)来表示，当第 i 个奇偶方程成立时，记 K_i=0；不成立时，记 K_i=1，则可通过真值表定位故障表并直接在程序上进行重构，如表 4-1 所示。

表 4-1　奇偶校验真值表

失效轴	奇偶检测值					系统重构的解算程序元
	K_1	K_2	K_3	K_4	K_5	
无	0	0	0	0	0	P_0
X	0	0	0	0	1	P_1
Y	0	0	0	1	0	P_2
Z	0	0	1	0	0	P_3
S	0	1	0	0	0	P_4
T	1	0	0	0	0	P_5
其他	/	/	/	/	/	P_6

4.2　单机多表交叉重构方法

传统的冗余惯组信息管理方案一般为故障诊断-隔离-重构的

顺序判断模式，本节针对多表配置($N \geq 5$)提出一种以重构优先的冗余三交叉信息管理算法。

该算法的思想是利用共因失效的原理，事先设定好三个重构模型，基于三个模型输出求取切换指示值，在一度故障下，可直接输出正确模型，同时定位故障表。指示值的设定避免了对判断阈值的分析。

由于四陀螺或四加表发生一度故障时只有剩余的唯一解算模型，因此不在讨论之中。对于 $N \geq 5$，且任意三表不在同一平面的情况，也就是任意三表组成的量测矩阵秩为 3。以单机十表惯组五陀螺五加表为例，三正交两斜置的架构，五表分别为 X、Y、Z、S、T，配置如图 4-1 所示。

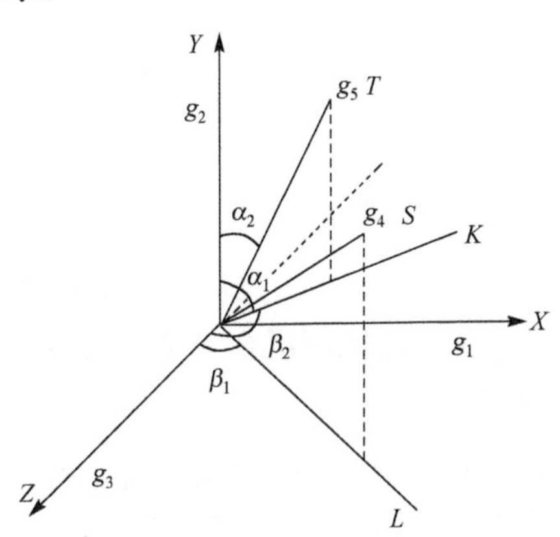

图 4-1　三正交两斜置结构配置示意图

图 4-1 中，g_1，g_2，g_3，g_4 和 g_5 表示陀螺仪，其中，g_1、g_2 和 g_3 分别为三正交轴 X 轴、Y 轴、Z 轴正向放置，g_4 和 g_5 沿两个斜置轴 S 轴、T 轴放置。惯组坐标指向为 X 向前，Y 向上，Z 与 X、Y 遵从右手定则。图中各参数定义如下：L、K 分别为 g_4 和 g_5 所在斜置轴 S、T 在 XOZ 平面上投影的线；α_1、α_2 分别为从 Y 轴顺时针旋转至 g_4、g_5 所在斜置轴的角度；β_1、β_2 分别为从 Z 轴逆时针旋转至 L、K 的角度。

则五陀螺的量测方程为

$$Z = HX + \varepsilon \tag{4-5}$$

此时的五表量测矩阵 H 为

$$H = \begin{bmatrix} 1 & 0 & 0 \\ 0 & 1 & 0 \\ 0 & 0 & 1 \\ \sin\alpha_1 \sin\beta_1 & \cos\alpha_1 & \sin\alpha_1 \cos\beta_1 \\ \sin\alpha_2 \sin\beta_2 & \cos\alpha_2 & \sin\alpha_2 \cos\beta_2 \end{bmatrix} \tag{4-6}$$

当选择的陀螺对应的量测阵秩为 3 时，就可以根据最小二乘估计出弹体坐标系下三正交轴角速度，五陀螺配置可供选择的输出模型个数 n 为

$$n = C_5^3 + C_5^4 + C_5^5 = 16 \tag{4-7}$$

则配置矩阵 H 有 16 种，输出的最小二乘估计为

$$\hat{X} = (H^{\mathrm{T}} H)^{-1} H^{\mathrm{T}} Z \tag{4-8}$$

这里定义 H_i 阵如表 4-2 所示，每种配置矩阵对应的量测输出向量 Z_i 的元素顺序与表 4-2 中陀螺组合安排的顺序一致，如 H_{12} 对应的 Z_{12} 为$[Z_x，Z_y，Z_z，Z_t]^{\mathrm{T}}$。

表 4-2　五陀螺重构陀螺组合输出定义

配置矩阵	陀螺组合	配置矩阵	陀螺组合
H_1	XYZ	H_9	YST
H_2	XYS	H_{10}	ZST
H_3	XYT	H_{11}	$XYZS$
H_4	XZS	H_{12}	$XYZT$
H_5	XZT	H_{13}	$XYST$
H_6	XST	H_{14}	$YZST$
H_7	YZS	H_{15}	$XYZS$
H_8	YZT	H_{16}	$XYZST$

三交叉重构优先的基本思想是在陀螺组合中选出三种组合，每个陀螺必须出现在其中的两种输出模型中，这种配置确保了在一度故障下，有一个模型输出为正确结果不受影响，而另两个模型因为含有故障传感器而产生共因失效，输出值受到影响，通过输出结果的组合计算可得到一个故障指示值。每个传感器对应一个故障指示值，尽量保证每个特征值不同，通过故障指示值可以判断正确的模型并直接输出结果。

为保证每个传感器出现在两个组合中，并且每个组合应有不少于三个陀螺表，对于五陀螺配置来说，每个陀螺出现 2 次，总数为 10 次。分配到每个量测组合，只有一种分配方式即为 3、3、4。可选择 $\boldsymbol{H}_1$、$\boldsymbol{H}_6$、$\boldsymbol{H}_{14}$ 三输出配置。其中，X 表出现在 $\boldsymbol{H}_1$、$\boldsymbol{H}_6$ 中，Y、Z 两表出现在 $\boldsymbol{H}_1$、$\boldsymbol{H}_{14}$，S、T 两表出现在 $\boldsymbol{H}_6$、$\boldsymbol{H}_{14}$ 中。

重构优先信息管理算法利用了共因失效的机理，忽略了对故障表失效机理的讨论，不用设计奇偶校验方程。不像以往的冗余器件管理算法先进行故障判定再重构计算，三交叉算法直接求最后的估计结果。

三个模型的输出结果为

$$\hat{\boldsymbol{X}}_i = (\boldsymbol{H}_i^{\mathrm{T}}\boldsymbol{H}_i)^{-1}\boldsymbol{H}_i^{\mathrm{T}}\boldsymbol{Z}_i \qquad i = 1,6,14 \tag{4-9}$$

引入矩阵 $\boldsymbol{M}$:

$$\boldsymbol{M}_i = (\boldsymbol{H}_i^{\mathrm{T}}\boldsymbol{H}_i)^{-1}\boldsymbol{H}_i^{\mathrm{T}} \tag{4-10}$$

令

$$\begin{aligned} \varDelta_1 &= \left\| \hat{x}_1 - \hat{x}_6 \right\| \\ \varDelta_2 &= \left\| \hat{x}_1 - \hat{x}_{14} \right\| \end{aligned} \tag{4-11}$$

故障向量中 $\varDelta_1$、$\varDelta_2$ 只作为故障参考，当无故障时两者均为零；不为零时，计算两者的比值 $\dfrac{\varDelta_1}{\varDelta_2}$，判断故障特征值定义为

$$T = \frac{\varDelta_1}{\varDelta_2} \tag{4-12}$$

当冗余配置发生一度故障时，假设Δ为故障表偏离正常值的差值。可以计算各表的故障特征值，计算结果如表 4-3 所示。

根据表 4-3 可以看出，当量测矩阵确定后，对应每个轴的陀螺有其对应的$\frac{\Delta_1}{\Delta_2}$值，该值可作为故障定位和模型切换的重要依据。

表 4-3　五表配置各表对应的故障特征值

故障表	故障特征值
X	$T_x=\sqrt{\boldsymbol{M}_6(2,1)^2+\boldsymbol{M}_6(3,1)^2}$
Y	$T_y=1/\sqrt{\boldsymbol{M}_{14}(1,1)^2+(\boldsymbol{M}_{14}(2,1)-1)^2+\boldsymbol{M}_{14}(3,1)^2}$
Z	$T_z=1/\sqrt{\boldsymbol{M}_{14}(1,2)^2+\boldsymbol{M}_{14}(2,2)^2+(\boldsymbol{M}_{14}(3,2)-1)^2}$
S	$T_s=\frac{\sqrt{\boldsymbol{M}_6(1,2)^2+\boldsymbol{M}_6(2,2)^2+\boldsymbol{M}_6(3,2)^2}}{\sqrt{\boldsymbol{M}_{14}(1,3)^2+\boldsymbol{M}_{14}(2,3)^2+\boldsymbol{M}_{14}(3,3)^2}}$
T	$T_t=\frac{\sqrt{\boldsymbol{M}_6(1,3)^2+\boldsymbol{M}_6(2,3)^2+\boldsymbol{M}_6(3,3)^2}}{\sqrt{\boldsymbol{M}_{14}(1,4)^2+\boldsymbol{M}_{14}(2,4)^2+\boldsymbol{M}_{14}(3,4)^2}}$

根据对应的特征向量，可定位故障表并直接选择不包含故障表的模型结果输出。

本节以陀螺为例对算法展开分析，方法同样适用于加表。介绍的单机多表交叉重构算法可在一度故障下重构惯性传感器在弹体坐标系三正交方向下敏感分量的观测矩阵，快速隔离故障表，输出未被污染的惯性传感器信息。

4.3　工程应用重构策略

4.3.1　三整机冗余重构策略

三冗余捷联惯组在国内外运载火箭中应用较普遍，像美国的“Ares”火箭、俄罗斯的“质子号”和“安加拉”两型火箭、我国新一代运载火箭上均应用的是三套六表冗余惯组测量方式。三套惯组并列安装于同一支架，当器件出现故障时，通过安装矩阵将测量信息统一到同一个坐标系下进行三取二，惯组系统完成重构。

冗余信息的重构策略：优先选用整套惯组的陀螺仪和加速度计信息，当三套惯组信息都不完整时，选择非整套惯组剩余陀螺仪和加速度计信息搭配使用，构成完整的观测矩阵。

4.3.2　单机五陀螺五加表重构策略

4.2 节中为介绍多表交叉重构引入的图 4-1 配置正是在我国上面级中采用的多表冗余配置，采用十表惯组，其中，三个陀螺仪和三个加表正交安装、其余两个陀螺仪和两个加表沿斜置方向安装。惯组捷联安装于箭体，测量其角速度和视加速度信息。

在同一个坐标系中，优先采用正交表进行导航计算，斜置表对正交表实时在线进行检测。当正交表出现故障时，用斜置表拟合正交表的信息并进行重构。

4.4　小　　结

本章介绍冗余捷联惯组故障后的重构算法，首先介绍了经典的奇偶方程校验法，并详细讲解了两型常用冗余配置重构策略的工程实践。随后分析了一种新的重构算法，从算法原理、加权因子分析及在线参数辨识进行了详细的推导。最后介绍了冗余惯组重构技术的工程应用策略。

参 考 文 献

梁海波. 基于陀螺冗余的微惯性系统关键技术研究[D]. 哈尔滨：哈尔滨工程大学, 2011.

周维正, 李学锋. 单机五陀螺捷联惯导系统重构算法研究[J]. 航天控制, 2017, 35(2): 3-7.

周维正, 李学锋, 赵赛君. 单机十表冗余惯组在线重构最优估计研究[J]. 导弹与航天运载技术, 2018.

Allerton D J, Jia H. Redundant multi-mode filter for a navigation system[J]. IEEE Transactions on Aerospace and Electronic Systems, 2007, 43(1): 371-391.

Cheng J, Dong J, Landry R, et al. A novel optimal configuration form redundant MEMS inertial sensors based on the orthogonal rotation method[J]. Sensors, 2014, 14(8): 13661-13678.

Cho S Y, Park C G. A calibration technique for a redundant IMU containing low-grade inertial sensors[J]. ETRI Journal, 2005, 27(4): 418-426.

Dmitriyev S P, Stepanov O A, Shepel S V. Nonlinear filtering methods application in INS alignment[J]. IEEE Transactions on Aerospace & Electronic Systems, 1997, 33(1): 260-272.

Guerrier S. Integration of skew-redundant MEMS-IMU with GPS for improved navigation performance[D]. Lausanne: Geodetic Engineering Laboratory, 2008.

Ho J H. Sensor redundancy management fault detection and isolation of the inertial measurement unit for a land-based vehicle's locating system[D]. State College: The Pennsylvania State University, 1999.

Hoffmann G M, Gorinevsky D. Fault tolerant relative navigation using inertial and relative sensors[C]//Proceedings of the AIAA Guidance, Navigation and Control Conference, 2007: 6789-6795.

Lee T G, Sung C K. Estimation technique of fixed sensor errors for SDINS calibration[J]. International Journal of Control Automation & Systems, 2004, 2(4): 536-541.

Osman A, Wright B, Noureldin A, et al. Multi-sensor inertial navigation systems employing skewed redundant inertial sensors[C]// The Institute of Navigation Satellite Division Technical Meeting, 2006: 2202-2207.

Pittelkau M E. Cascaded and decoupled RIMU calibration filters[J]. Journal of the Astronautical Sciences, 2006, 54(3): 449-466.

Sebring D L, Young J T. Redundancy management of skewed and dispersed inertial sensors[C]// Digital Avionics Systems Conference，1981.

Shim D S, Yang C K. Geometric FDI based on SVD for redundant inertial sensor systems[C]// 2004 5th Asian Control Conference. Melbourne: Institute of Electrical and Electronics Engineering Inc., 2004, 2: 1094-1100.

Titterton D H, Weston J L. Strapdown inertial navigation technology[D]. London: Institute of Electrical Engineers, 2004.

Yang C K, Shim D S. Double faults isolation based on the reduced-order parity vectors in redundant sensor configuration[J]. International Journal of Control Automation & Systems, 2007, 5(2): 155-160.

Yuksel Y. Design and analysis of inertial navigation systems with skew redundant inertial sensors[D]. Calgary: University of Calgary, 2011.

Yuksel Y, El-Sheimy N, Noureldin A. Error modeling and characterization of environmental effects for low cost inertial MEMS units[C]// Position Location and Navigation Symposium. IEEE, 2010: 598-612.

Zhou W, Li X, Zhao S, et al. FDI and navigation integration algorithm design for skew redundant strapdown inertial measurement unit[C]// 2018 IEEE CSAA Guidance, Navigation and Control Conference (GNCC). IEEE, 2018.

第 5 章　弹道重规划技术

由于飞行偏差及故障原因，运载火箭在实际飞行过程中会偏离预定弹道，当飞行状态异常时需要重新规划运载火箭的飞行弹道。在满足一定约束和剩余能力的条件下，运载火箭弹道重规划可以有两条技术途径，即采用离线和在线两种方式。离线规划要提前考虑不同的故障模式对应的剩余入轨与控制能力，设计不同的最优停泊和备用轨道，结合当前的飞行状态及故障评级，按照火箭的飞行能力和约束情况，切换到与当前能力最为匹配的目标轨道，并选用不同的制导策略，实现具体的飞行任务。在线规划需要实时评估运载火箭的剩余入轨与控制能力，采用最优轨道规划控制技术实现自主、快速规划，动态处理飞行过程约束，并对部分约束条件进行松弛处理，保证在线规划问题有解并收敛，实现燃料消耗最少或降级轨道半径最大的最优问题在线求解。

5.1　任务分区理论分析

5.1.1　远地点高度与轨道倾角估计

入轨点轨道根数分析是任务规划的重要依据，需要在允许的时间范围内，根据当前时刻的飞行状态，获得任意时间后的位置和速度信息，由此确定入轨点的轨道根数，从而对飞行器的可达范围进行预判。当飞行过程中出现故障情况时，需要对入轨点进行估算，分析轨道根数与原定任务目标的偏差，进而确定后续的飞行任务。通常情况下，任务目标轨道的半长轴 a、偏心率 e、倾角 i、升交点赤经 Ω 与近地点幅角 ω 在发射任务前已设置完成，根据以上参数可以确定轨道的几何参数与空间平面。一般来说入轨点处的真近点角f没有严格约束要求。入轨点估算需要完整的轨道根数信息，因此需要根据当前的飞行状态确定入轨点的真近点角。对于形成轨道根数的飞行段，如果忽略空气动力的影响，考虑推力与引力的作用，可以对入轨点的真近点角进行估算。

对于某一时刻t，根据加速度计测量结果确定箭体坐标系中载体相对于惯性坐标系的加速度。运载火箭的轴向视加速度$W_{bx}(t)$近似等于发动机推力与火箭质量的比值，即

$$W_{bx}(t)=\frac{T(t)}{m(t)}=\frac{T(t)}{m_0-\dot{m}\cdot t} \tag{5-1}$$

对式(5-1)进行变量转换，可得

$$W_{bx}(t)=\frac{g_0 I_{\mathrm{SP}}\cdot\dot{m}}{m_0-\dot{m}\cdot t}=\frac{g_0 I_{\mathrm{SP}}}{\frac{m_0}{\dot{m}}-t}=\frac{U}{M-t} \tag{5-2}$$

在轨道转移飞行过程中，考虑发动机推力为恒定值，发动机的比冲保持不变(忽略比冲偏差)，剩余推进剂能够充分燃烧，则式(5-2)可用常数U、M来表示，其中，$U=g_0 I_{\mathrm{SP}}$，$M=m_0/\dot{m}$。

对于之后的某一时刻，运载火箭的轴向视加速度需要进行估计。对式(5-2)进行积分运算，估算后续一定时间段内推力作用下的视速度增量，即

$$V_{\mathrm{T}}=\int_0^{t_k}W_{bx}(t)\mathrm{d}t=\int_0^{t_k}\frac{U}{M-t}\mathrm{d}t=U\ln\frac{M}{M-t_k} \tag{5-3}$$

对式(5-3)进行积分运算，估算后续一定时间段内推力作用下的航程增量，有

$$S_{\mathrm{T}}=\int_0^{t_k}\int_0^{t}W_{bx}(t)\mathrm{d}t\mathrm{d}t=\int_0^{t_k}\int_0^{t}\frac{U}{M-t}\mathrm{d}t\mathrm{d}t=U\ln\frac{M}{M-t_k}(t_k-M)+Ut_k \tag{5-4}$$

在飞行过程中，持续推力作用下的近似误差主要是由引力梯度

和机动过程中推力方向的变化引起的。在运载火箭持续上升飞行过程中，需要考虑引力损耗的问题。对于入轨时间自由的情况，当推重比较大(一般应至少大于 0.1)时，如果已知最优轨道机动推力矢量的转动角速度ω_{opt}，引力损耗可以通过估算获得

$$V_{\text{G}} = \frac{1}{24} \cdot t_k^2 \cdot V_{\text{T}} \cdot \left[\omega_{\text{s}}^2 (1 - 3\sin^2 \overline{\gamma}) - \omega_{\text{opt}}^2 + (\omega - \omega_{\text{opt}})^2 \right] \tag{5-5}$$

式中，ω为推力的实际转动角速度，$\omega_{\text{s}} = \sqrt{\mu / r^3}$的物理意义为相应高度圆轨道的角速度，$\overline{\gamma}$为推力矢量方向在目标轨道面上与轨道切线的平均夹角。如果飞行器姿态能够理想跟踪最优转动角速度，可得由引力导致的航程损耗估值为

$$S_{\text{G}} = \int_0^{t_k} V_{\text{G}} \mathrm{d}t = \frac{1}{432} \left[S_{\text{GA}} \cdot \ln \frac{M}{M - t_k} + 6M^3 \cdot \ln(M - t_k) + S_{\text{GB}} \right] \tag{5-6}$$

其中，S_{GA}，S_{GB}的具体表达式为

$$S_{\text{GA}} = 6U \cdot \left[\omega_{\text{s}}^2 (1 - 3\sin^2 \overline{\gamma}) - \omega_{\text{opt}}^2 \right] \cdot t_k^{\ 3} \tag{5-7}$$

$$S_{\text{GB}} = 3Mt_k^{\ 2} + 6M^2 t_k + 2t_k^{\ 3} \tag{5-8}$$

将关机点时间t_k代入式(5-6)得到引力导致的航程损耗估值。从当前位置到入轨点的地心角增量可以表示为

$$\Delta \Phi = \frac{\cos \overline{\gamma}}{r_{yk}} (v_0 t_k + S_{\text{T}} - S_{\text{G}}) \tag{5-9}$$

运载火箭在入轨过程中的地心角增量如图 5-1 所示。如果当前飞行位置的轨道坐标系投影与升交点之间的地心角为Φ_0，Φ_0($0 \leqslant \Phi_0 \leqslant 2\pi$)可通过当前时刻飞行器在$O_{\text{E}}X_o$轴指向升交点轨道坐标系中的轨道面投影分量计算求得

$$\sin \Phi_0 = x_{\omega o} / \sqrt{x_{\omega o}^2 + y_{\omega o}^2} \tag{5-10}$$

$$\cos \Phi_0 = y_{\omega o} / \sqrt{x_{\omega o}^2 + y_{\omega o}^2} \tag{5-11}$$

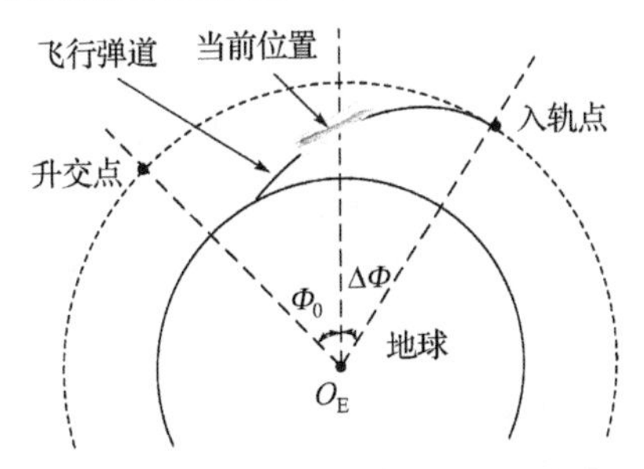

图 5-1　入轨过程中的地心角增量

任务目标轨道的近地点幅角为 ω，采用积分运算对后续一定时间段内推力与引力作用下的速度增量和航程增量进行估算，则可以估算入轨点的真近点角：

$$f = \Phi_0 + \Delta\Phi - \omega \tag{5-12}$$

根据一定飞行时间 t_k 后对应的航程角得到了入轨点的完整轨道根数信息，同时也完成了轨道上该点所对应状态参数(位置、速度信息)的计算。

由于轨道根数之间的耦合关系，考虑全部轨道根数条件将会使问题变得复杂。本章将重点分析描述飞行器入轨的主要参数，即远地点高度与轨道倾角可达区域，以便保证载荷入轨。

从当前时刻到达入轨点的过程中，需要研究飞行器在外力作用下的轨道根数变化情况，确定在任意位置施加有限推力后的轨道机动范围。将作用在运载火箭上的推力分解为切向分量、径向分量与法向分量，分别用 u_θ、u_r、u_h 表示，可根据目标轨道坐标系中的推力指令求得。

根据轨道摄动方程，在推力作用下，远地点高度的微分形式可由轨道根数表示：

$$\frac{\mathrm{d}H_a}{\mathrm{d}t} = A(1+e)\sin f \cdot u_r + A(2 + 2e\cos f + B - eB)\cdot u_\theta \tag{5-13}$$

式中，

$$A=\frac{a^{3/2}(1+e)^{1/2}}{\mu^{1/2}(1-e)^{1/2}}, B=\frac{e\cos^2 f+2\cos f+e}{1+e\cos f}$$

轨道摄动方程反映了飞行器在外力作用下的推力分量对轨道参数的影响。远地点高度 H_a 的变化情况与推力切向分量 u_θ、径向分量 u_r 有关。根据式(5-13)可以确定某一时刻飞行器在切向与径向推力作用下的远地点高度变化情况。上述微分表达式中的 μ 为地球引力常数，真近点角 f 可以根据本节的方法进行估算，半长轴 a 与偏心率 e 可以根据飞行器的位移与速度信息实时求得。

为便于数值求解，对飞行器的运动模型进行无量纲化处理，$\boldsymbol{r}=[r_x, r_y, r_z]^{\mathrm{T}}/R_0$ 为无量纲化的位移矢量，$\boldsymbol{v}=[v_x, v_y, v_z]^{\mathrm{T}}/\sqrt{R_0 g_0}$ 为无量纲化的速度矢量。根据第 2 章的轨道机械能特征参数方程(2-45)可得

$$\frac{\mu}{2a}=\frac{\mu}{R_0\sqrt{\boldsymbol{r}^{\mathrm{T}}\boldsymbol{r}}}-\frac{1}{2}R_0 g_0 \boldsymbol{v}^{\mathrm{T}}\boldsymbol{v} \tag{5-14}$$

由此可得半长轴约束为

$$a=R_0\cdot[2(\boldsymbol{r}^{\mathrm{T}}\boldsymbol{r})^{-1/2}-\boldsymbol{v}^{\mathrm{T}}\boldsymbol{v}]^{-1} \tag{5-15}$$

式中，R_0 为平均地球半径。

根据动量矩特征参数方程可得

$$\boldsymbol{H}=R_0\boldsymbol{r}\times\sqrt{R_0 g_0}\boldsymbol{v} \tag{5-16}$$

椭圆曲线的半通径满足

$$p=H^2/\mu=a(1-e^2) \tag{5-17}$$

由此可得偏心率约束为

$$e=\sqrt{\frac{a-R_0\cdot[(\boldsymbol{r}\times\boldsymbol{v})^{\mathrm{T}}(\boldsymbol{r}\times\boldsymbol{v})]}{a}} \tag{5-18}$$

在后续飞行过程中，入轨点所需的远地点高度增量可以表示为

$$\Delta H_{aK} = \int_0^{t_k} [A(1+e)\sin f \cdot u_r + A(2+2e\cos f + B - eB)\cdot u_\theta]\cdot \mathrm{d}t \tag{5-19}$$

式(5-19)表达了经过 t_k 时间后火箭能够获得的远地点高度增量。

在满足其他约束条件的前提下，尽可能保证火箭获得最大的远地点高度，性能指标可以描述为

$$J = -\Delta H_{aM} = -\int_0^{t_f} F(x,u)\,\mathrm{d}t \tag{5-20}$$

其中，

$$F(x,u) = [A(1+e)\sin f \cdot u_r + A(2+2e\cos f + B - eB)\cdot u_\theta] \tag{5-21}$$

运载火箭火箭在推力作用下的飞行过程，考虑引力和推力的作用，控制变量定义如下：

$$\begin{cases} x_1 \triangleq r_x, x_2 \triangleq r_y, x_3 \triangleq r_z \\ x_4 \triangleq v_x, x_5 \triangleq v_y, x_6 \triangleq v_z \\ x_7 \triangleq m \end{cases} \tag{5-22}$$

控制变量为推力矢量在地心惯性系中的分量，定义如下：

$$u_1 \triangleq T_x, u_2 \triangleq T_y, u_3 \triangleq T_z \tag{5-23}$$

设

$$K(x_1,x_2,x_3) = \frac{\mu}{[{x_1}^2 + {x_2}^2 + {x_3}^2]^{3/2}} \tag{5-24}$$

由运动方程可以写出如下状态方程：

$$\begin{cases} \dot{x}_1 = x_4 \\ \dot{x}_2 = x_5 \\ \dot{x}_3 = x_6 \\ \dot{x}_4 = -K(x_1,x_2,x_3)\cdot x_1 + u_1 / x_7 \\ \dot{x}_5 = -K(x_1,x_2,x_3)\cdot x_2 + u_2 / x_7 \\ \dot{x}_6 = -K(x_1,x_2,x_3)\cdot x_3 + u_3 / x_7 \\ \dot{x}_7 = -\sqrt{{u_1}^2 + {u_2}^2 + {u_3}^2} / I_{\mathrm{sp}} g_0 \end{cases} \tag{5-25}$$

根据状态方程与性能指标，构造问题的 Hamilton 函数：

$$
\begin{aligned}
H(x,\lambda,u) = F(x,u) &+ \lambda_1 x_4 + \lambda_2 x_5 + \lambda_3 x_6 \\
&+ \lambda_4[-K(x_1,x_2,x_3)\cdot x_1 + u_1 / x_7] \\
&+ \lambda_5[-K(x_1,x_2,x_3)\cdot x_1 + u_2 / x_7] \\
&+ \lambda_6[-K(x_1,x_2,x_3)\cdot x_1 + u_3 / x_7] \\
&- \lambda_7 \sqrt{{u_1}^2 + {u_2}^2 + {u_3}^2} / I_{sp} g_0
\end{aligned}
\tag{5-26}
$$

由 $\dot{\boldsymbol{\lambda}}(t) = -\partial H / \partial \boldsymbol{x}$ 可得协态方程的展开形式：

$$
\begin{cases}
\dot{\lambda}_1 = -\dfrac{\partial F(x,u)}{\partial x_1} + \lambda_4 K(x_1,x_2,x_3) + (\lambda_4 x_1 + \lambda_5 x_2 + \lambda_6 x_3)\dfrac{\partial K(x_1,x_2,x_3)}{\partial x_1} \\
\dot{\lambda}_2 = -\dfrac{\partial F(x,u)}{\partial x_2} + \lambda_5 K(x_1,x_2,x_3) + (\lambda_4 x_1 + \lambda_5 x_2 + \lambda_6 x_3)\dfrac{\partial K(x_1,x_2,x_3)}{\partial x_2} \\
\dot{\lambda}_3 = -\dfrac{\partial F(x,u)}{\partial x_3} + \lambda_6 K(x_1,x_2,x_3) + (\lambda_4 x_1 + \lambda_5 x_2 + \lambda_6 x_3)\dfrac{\partial K(x_1,x_2,x_3)}{\partial x_3} \\
\dot{\lambda}_4 = -\dfrac{\partial F(x,u)}{\partial x_4} - \lambda_1 \\
\dot{\lambda}_5 = -\dfrac{\partial F(x,u)}{\partial x_5} - \lambda_2 \\
\dot{\lambda}_6 = -\dfrac{\partial F(x,u)}{\partial x_6} - \lambda_3 \\
\dot{\lambda}_7 = \dfrac{1}{{x_7}^2}(\lambda_4 u_1 + \lambda_5 u_2 + \lambda_6 u_3)
\end{cases}
\tag{5-27}
$$

状态变量的初始状态为

$$
x_1 = r_{x0}, x_2 = r_{y0}, x_3 = r_{z0}, x_4 = v_{x0}, x_5 = v_{y0}, x_6 = v_{z0}, x_7 = m_0 \tag{5-28}
$$

根据这一问题的物理意义可以判断，为获得尽可能大的远地点高度增量，需要充分耗尽火箭的推进剂。终端的飞行器质量满足约束条件：

$$x_7(t_f) = m_{\mathrm{d}} \tag{5-29}$$

横截条件为

$$\lambda_1(t_f) = \lambda_2(t_f) = \lambda_3(t_f) = \lambda_4(t_f) = \lambda_5(t_f) = \lambda_6(t_f) = 0 \tag{5-30}$$

Hamilton-极小条件可以描述为

$$H(\boldsymbol{x}^*(t), \boldsymbol{\lambda}(t), \boldsymbol{u}^*(t)) = \min_{\boldsymbol{u}(t)\in U} H(\boldsymbol{x}^*(t), \boldsymbol{\lambda}(t), \boldsymbol{u}(t)) \tag{5-31}$$

上式表明在 $\boldsymbol{x}^*(t), \boldsymbol{\lambda}(t)$ 保持不变的条件下，合理选取 $\boldsymbol{u}$ 使得 Hamilton 函数取全局最小，即确定以下函数的最小值：

$$F'(x,u) = F(x,u) + \frac{\lambda_4 u_1}{x_7} + \frac{\lambda_5 u_2}{x_7} + \frac{\lambda_6 u_3}{x_7} \tag{5-32}$$

为简化问题求解，假定轨道转移过程中推力的大小和方向保持不变，在极坐标系下讨论径向分量与切向分量对远地点高度的影响。

考虑到不同物理量的量级差别对计算速度与精度的影响，需要对物理量进行无量纲化处理，以初始时刻的轨道位置、速度作为量化标准。在极坐标系下的动力学方程可以转换为

$$\begin{cases} r'' = r(f')^2 - r^{-2} + r^{-2}a\sin\gamma \\ 2r'f' + rf'' = r^{-2}a\sin\gamma \end{cases} \tag{5-33}$$

由推力作用角 $q = \tan\gamma = \dfrac{r'}{rf'}$ 可得

$$f' = \frac{r'}{qr} \tag{5-34}$$

对上式求导可得

$$f'' = \frac{r''r - r'^2}{qr^2} \tag{5-35}$$

飞行过程中轨道高度上升(q>0)，则有

$$\begin{cases} \sin\gamma = \dfrac{q}{\sqrt{1+q^2}} \\ \cos\gamma = \dfrac{1}{\sqrt{1+q^2}} \end{cases} \tag{5-36}$$

代入动力学方程(5-33)可得

$$\begin{cases} r^2 r'' = \dfrac{rr'^2}{q^2} - 1 + \dfrac{aq}{\sqrt{1+q^2}} \\ r^2 r'' + rr'^2 = \dfrac{aq}{\sqrt{1+q^2}} \end{cases} \tag{5-37}$$

联立消去r''，上升飞行过程中$r' > 0$，可得

$$\sqrt{r} r' = \frac{q}{\sqrt{1+q^2}} \tag{5-38}$$

积分并代入初始条件可得

$$r = \left(\frac{3q}{2\sqrt{1+q^2}} \tau + 1 \right)^{2/3} \tag{5-39}$$

代入式(5-34)并积分可得

$$f = f_0 + \frac{2}{3q} \ln\left(\frac{3q}{2\sqrt{1+q^2}} \tau + 1 \right) \tag{5-40}$$

联立式(5-39)、式(5-40)得到极坐标系下的轨道方程：

$$r = \mathrm{e}^{q(f-f_0)} \tag{5-41}$$

推力的大小和方向不变时，飞行器沿椭圆对数螺旋曲线飞行，推力加速度的大小为

$$a = \frac{q}{2\sqrt{1+q^2}} \tag{5-42}$$

飞行器的轨道转移可以看作是有限推力作用下的轨道机动问

题，在剩余推进剂总量限定的情况下，轨道转移过程中应当避免大范围姿态变化造成的能量损耗。在持续上升飞行过程中，如果推力矢量方向在目标轨道面上与轨道切线的平均夹角不变，且飞行器的姿态能够理想跟踪最优转动角速度，则能够获得特定约束条件下的目标轨道性能指标。

对于上升段飞行过程，可以确定满足飞行条件的推力加速度大小与推力作用角，据此可确定推力加速度分量 $u_{\theta\mathrm{M}}$、$u_{r\mathrm{M}}$。当后续任务的飞行时间达到最大值 t_{M} 时，运载火箭能够获得的远地点高度增量为

$$\Delta H_{a\mathrm{M}} = \int_0^{t_{\mathrm{M}}} [A(1+e)\sin f \cdot u_{r\mathrm{M}} + A(2+2e\cos f + B - eB)\cdot u_{\theta\mathrm{M}}]\cdot \mathrm{d}t \tag{5-43}$$

对于异面轨道转移飞行任务来说，除了根据远地点高度确定最远可达范围外，还需要对轨道倾角的偏差进行分析。轨道倾角偏差能够反映出入轨点与目标轨道不共面时的可调整范围。

根据轨道摄动方程，轨道倾角的微分形式同样可由轨道根数表示，即

$$\frac{\mathrm{d}i}{\mathrm{d}t} = \frac{a^{1/2}}{\mu^{1/2}(1-e^2)^{1/2}}\left[\frac{(1-e^2)\cos(\omega+f)}{1+e\cos f}\right]\cdot u_h \tag{5-44}$$

根据式(5-44)可以看出，轨道倾角 i 的变化情况只与法向分量 u_h 有关。可以确定某一时刻，飞行器在法向外力作用下的轨道倾角的变化情况。在后续飞行过程中，入轨点所需的轨道倾角增量可以表示为

$$\Delta i_{\mathrm{K}} = \int_0^{t_k}\left[\frac{a^{1/2}}{\mu^{1/2}(1-e^2)^{1/2}}\left[\frac{(1-e^2)\cos(\omega+f)}{1+e\cos f}\right]\cdot u_h\right]\cdot \mathrm{d}t \tag{5-45}$$

式(5-45)表达了经过 t_k 时间后火箭能够获得的轨道倾角增量。在满足其他约束条件的前提下，保证火箭获得尽可能大的轨道倾角增量，性能指标可以描述为

$$J=-\Delta i_M=-\int_0^{t_f} G(x,u)\,\mathrm{d}t \tag{5-46}$$

其中，

$$G(x,u)=\left[\frac{a^{1/2}}{\mu^{1/2}(1-e^2)^{1/2}}\left[\frac{(1-e^2)\cos(\omega+f)}{1+e\cos f}\right]\cdot u_h\right] \tag{5-47}$$

根据状态方程与性能指标，构造问题的 Hamilton 函数：

$$\begin{aligned}H(x,\lambda,u)=&G(x,u)+\lambda_1x_4+\lambda_2x_5+\lambda_3x_6\\&+\lambda_4[-K(x_1,x_2,x_3)\cdot x_1+u_1/x_7]\\&+\lambda_5[-K(x_1,x_2,x_3)\cdot x_1+u_2/x_7]\\&+\lambda_6[-K(x_1,x_2,x_3)\cdot x_1+u_3/x_7]\\&-\lambda_7\sqrt{u_1{}^2+u_2{}^2+u_3{}^2}/I_{\mathrm{sp}}g_0\end{aligned} \tag{5-48}$$

状态变量的初值可以根据当前时刻火箭的位置、速度、质量信息确定。根据实际的物理意义可以判断，为获得尽可能大的轨道倾角增量，需要充分消耗火箭的推进剂，可由此确定飞行器的终端质量约束条件。根据Hamilton函数与极小值原理可以确定协态变量的横截条件。

根据 Hamilton-极小条件，当 $\boldsymbol{x}^*(t),\boldsymbol{\lambda}(t)$ 保持不变的条件下，合理选取 $\boldsymbol{u}$ 使得Hamilton函数取全局最小，即确定以下函数的最小值：

$$G'(x,u)=G(x,u)+\frac{\lambda_4u_1}{x_7}+\frac{\lambda_5u_2}{x_7}+\frac{\lambda_6u_3}{x_7} \tag{5-49}$$

将平面轨道分析扩展至空间中进行描述，将推力加速度分解为与目标轨道面同向的分量 u_i 及推力法向分量 u_h，在轨道坐标系中可以将飞行器的三维动力学方程描述为

$$\begin{cases}\dot{r}-r\dot{f}^2=-\dfrac{\mu}{(r^2+n^2)^{3/2}}r+u_i\sin\alpha\\ \dfrac{1}{r}\dfrac{\mathrm{d}}{\mathrm{d}t}(r^2\dot{f})=u_i\cos\alpha\\ \ddot{n}=-\dfrac{\mu}{(r^2+n^2)^{3/2}}n+u_h\end{cases} \tag{5-50}$$

其中，n 为沿目标轨道法向面($O_E Z_o$ 轴)的位移分量。已知飞行器的轨道根数条件后，可以确定位移矢量与速度矢量在地心惯性坐标系中三个方向的投影。对于上升段飞行过程，如果飞行器沿对数螺旋曲线飞行，可以确定满足飞行条件的推力加速度大小与推力作用角，据此可确定推力加速度分量 u_{hM}。在满足约束条件下，如果推力法向分量能够达到的最大值为 u_{hM}，则火箭能够获得的轨道倾角增量为

$$\Delta i_{\mathrm{M}} = \int_0^{t_{\mathrm{M}}} \left[\frac{a^{1/2}}{\mu^{1/2}(1-e^2)^{1/2}} \left[\frac{(1-e^2)\cos(\omega + f)}{1 + e\cos f} \right] \cdot u_{h\mathrm{M}} \right] \cdot \mathrm{d}t \quad (5\text{-}51)$$

5.1.2　自适应入轨条件

运载火箭的飞行偏差在非常小的范围内时，对原有的控制指令进行适应性调整，合理选取关机点，就可以顺利进入预定的任务轨道。但是这种适应性调整的可行范围是极小的，需要对可行范围进行分析。

实际飞行过程中不可避免地存在偏差，对于某一状态下的远地点高度与轨道倾角增量可能无法完全与式(5-19)、式(5-45)相匹配。这种情况下需要对原有的飞行时间与程序指令进行分析。首先考虑对飞行时间进行修正，原有的控制指令保持不变。通过偏导数计算 t_k 的修正量 Δt，重新计算入轨点的远地点高度与轨道倾角参数，即

$$\begin{cases} \Delta H_{a\mathrm{L}} + \dfrac{\mathrm{d}H_{a\mathrm{L}}}{\mathrm{d}t} \cdot \Delta t = \Delta H_{a\mathrm{M}} \\ \Delta i_{\mathrm{L}} + \dfrac{\mathrm{d}i_{\mathrm{L}}}{\mathrm{d}t} \cdot \Delta t = \Delta i_{\mathrm{M}} \end{cases} \quad (5\text{-}52)$$

如果问题式(5-52)有解，可以得到新的关机点，后续任务的飞行时间为

$$t_{\mathrm{L}} = t_k + \Delta t \quad (5\text{-}53)$$

由于飞行器的制导控制系统具备一定的调整能力，考虑后续可

飞行时间 Δt 受到剩余推进剂质量的限制，当 Δt 选取可以确定的最大值时，可以确定调整关机点实现入轨任务的远地点高度与轨道倾角边界条件：

$$n_a = \frac{\mathrm{d}i_{\mathrm{L}}}{\mathrm{d}t} \cdot \Delta t = \Delta i_{\mathrm{M}} - \Delta i_{\mathrm{L}} \tag{5-54}$$

$$n_c = \frac{\mathrm{d}H_{a\mathrm{L}}}{\mathrm{d}t} \cdot \Delta t = \Delta H_{a\mathrm{M}} - \Delta H_{a\mathrm{L}} \tag{5-55}$$

正常情况下飞行器沿着标称弹道飞行，根据式(5-43)、式(5-51)可得经过 t_{L} 后可获得的入轨点远地点高度增量 $\Delta H_{a\mathrm{L}}$ 与轨道倾角增量 Δi_{L}。实际飞行中，不妨设 $\Delta i = \Delta i_{\mathrm{N}} - \Delta i_{\mathrm{M}}$ 表示轨道倾角增量与原定入轨点轨道倾角增量的偏差，$\Delta H_a = \Delta H_{a\mathrm{N}} - \Delta H_{a\mathrm{M}}$ 表示远地点高度增量与原定入轨点远地点高度增量的偏差。$\Delta H_{a\mathrm{N}}, \Delta i_{\mathrm{N}}$ 为异常情况下能够获得的远地点高度增量与轨道倾角增量。

下面对自适应入轨的边界条件进行分析。

(1) 当转移轨道与目标轨道共面时，轨道倾角偏差 $\Delta i = 0$，满足 $\left|\Delta H_a\right| = \frac{\mathrm{d}H_{a\mathrm{L}}}{\mathrm{d}t} \cdot \Delta t_{\mathrm{N}} \leqslant n_c = \frac{\mathrm{d}H_{a\mathrm{L}}}{\mathrm{d}t} \cdot \Delta t$。采用切向与径向控制分量对远地点高度进行调整，整个过程中有 $\Delta t_{\mathrm{N}} \leqslant \Delta t$，后续任务飞行时间 $t_{\mathrm{N}} = t_k + \Delta t_{\mathrm{N}} \leqslant t_{\mathrm{L}} = t_k + \Delta t$。在允许的自适应关机时间范围内，远地点高度可以满足任务目标要求。

(2) 当转移轨道与目标轨道不在同一平面时，轨道倾角偏差 $\Delta i \neq 0$。采用切向、径向与法向控制分量同时调整轨道的远地点高度与轨道倾角，在自适应调整完成入轨任务的过程中，不妨设关机点修正量满足 $\Delta t_{\mathrm{N1}} / \Delta t = \Delta i / n_a$，$\Delta t_{\mathrm{N2}} / \Delta t = \Delta H_a / n_c$，其中，$\Delta t_{\mathrm{N1}}$ 为达到预定轨道倾角所需要的关机时间修正量，Δt_{N2} 为达到预定远地点高度所需要的关机时间修正量，构造时间约束条件 $\sqrt{\Delta t_{\mathrm{N1}}^{\ 2} + \Delta t_{\mathrm{N2}}^{\ 2}} \leqslant \Delta t$。由于关机时间修正量 $\Delta t_{\mathrm{N}} = f_{\max}(\Delta t_{\mathrm{N1}}, \Delta t_{\mathrm{N2}})$，因此可得 $\Delta t_{\mathrm{N}} \leqslant \Delta t$，后续任务飞行时间 $t_{\mathrm{N}} = t_k + \Delta t_{\mathrm{N}} \leqslant t_{\mathrm{L}} = t_k + \Delta t$。在允许的自适应关机

时间范围内，远地点高度与轨道倾角可以满足任务目标要求。

综上所述，可以确定选取入轨任务的远地点高度与轨道倾角边界条件为

$$\sqrt{(\Delta t_{\mathrm{N1}}/\Delta t)^2+(\Delta t_{\mathrm{N2}}/\Delta t)^2}\leqslant 1 \tag{5-56}$$

根据关机点修正量的定义，上式等价于

$$\sqrt{(\Delta i/n_a)^2+(\Delta H_a/n_c)^2}\leqslant 1 \tag{5-57}$$

飞行过程中的边界条件满足式(5-57)的条件时，采用原有的控制指令，通过调整关机时间可以实现任务入轨，入轨边界条件如图 5-2 所示。

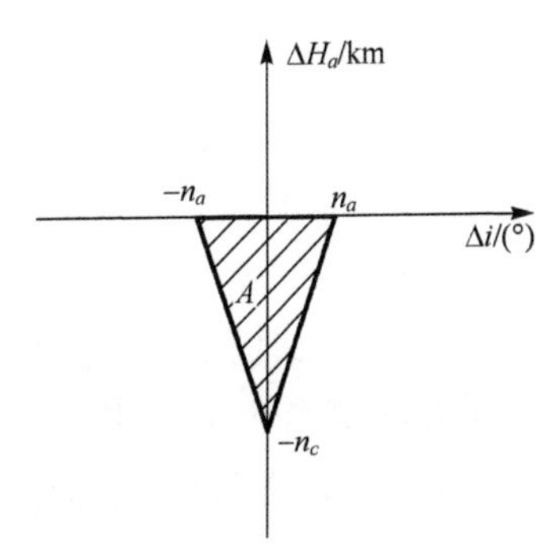

图 5-2　自适应入轨边界条件

图 5-2 中，横坐标 Δi 表示轨道倾角增量与原定入轨点轨道倾角增量的偏差，纵坐标 ΔH_a 表示远地点高度增量与原定入轨点远地点高度增量的偏差。

5.1.3　重规划入轨条件

随着飞行偏差的增大，如果原有控制指令保持不变，问题式(5-52)中无论如何取值，都无法保证远地点高度增量与轨道倾角增量满足任务轨道的要求。此时可以考虑对控制指令进行重构，生成

新的u_θ、u_r、u_h指令。

在一定偏差范围内，通过重新规划控制指令，生成新的任务转移弹道，运载火箭依然能够进入任务目标轨道。式(5-43)与式(5-51)确定了在控制指令可调时飞行任务的最大边界条件。如果当前时刻的远地点高度与最大远地点高度增量之和能够满足目标轨道要求，即可认为通过对推力指令的重构可以实现入轨任务。当轨道倾角出现偏差时，情况同理。由此可以确定调整u_θ、u_r、u_h指令后实现入轨任务的远地点高度与轨道倾角边界条件：

$$n_b = \Delta i_{\mathrm{M}} - \Delta i_{\mathrm{K}} \tag{5-58}$$

$$n_d = \Delta H_{a\mathrm{M}} - \Delta H_{a\mathrm{K}} \tag{5-59}$$

下面对重规划入轨的边界条件进行分析。

(1) 当转移轨道与目标轨道共面时，不需要考虑法向控制分量的影响，同时轨道倾角偏差$\Delta i = 0$，满足$|\Delta H_a| = \Delta H_{a\mathrm{M}} - \Delta H_{a\mathrm{N}} \leqslant n_d = \Delta H_{a\mathrm{M}} - \Delta H_{a\mathrm{K}}$。为获得足够的远地点高度增量，切向分量与径向分量需要满足一定的约束条件。当远地点高度偏差较小时，远地点高度增量$\Delta H_{a\mathrm{N}} \geqslant \Delta H_{a\mathrm{K}}$满足边界条件。采用弹道重规划方法，适当调整切向与径向推力分量，可以保证终端的远地点高度约束满足要求。

(2) 当转移轨道与目标轨道不在同一平面时，轨道倾角偏差$\Delta i \neq 0$，需要考虑轨道法向推力分量的影响。对应的边界条件可以表示为

$$\frac{(\Delta i_{\mathrm{N}} - \Delta i_{\mathrm{K}})^2}{(\Delta i_{\mathrm{M}} - \Delta i_{\mathrm{K}})^2} + \frac{(\Delta H_{a\mathrm{N}} - \Delta H_{a\mathrm{K}})^2}{(\Delta H_{a\mathrm{M}} - \Delta H_{a\mathrm{K}})^2} \leqslant 1 \tag{5-60}$$

在轨道转移过程中，采用切向、径向与法向推力控制分量同时调整轨道的远地点高度增量与轨道倾角增量，需要同时满足

$$\begin{cases}\Delta H_{a\mathrm{N}} = \int_0^{t_\mathrm{N}} [A(1+e)\sin f \cdot u_{r\mathrm{N}} + A(2+2e\cos f + B - eB)\cdot u_{\theta\mathrm{N}}]\cdot \mathrm{d}t \\ \Delta i_\mathrm{N} = \int_0^{t_\mathrm{N}} [\dfrac{u^{1/2}}{\mu^{1/2}(1-e^2)^{1/2}}\left[\dfrac{(1-e^2)\cos(\omega+f)}{1+e\cos f}\right]\cdot u_{h\mathrm{N}}]\cdot \mathrm{d}t \\ {u_{\theta\mathrm{N}}}^2 + {u_{h\mathrm{N}}}^2 \leqslant {u_{\theta\mathrm{M}}}^2 \\ {u_{\theta\mathrm{N}}}^2 + {u_{h\mathrm{N}}}^2 \leqslant {u_{h\mathrm{M}}}^2 \end{cases} \tag{5-61}$$

根据上述约束条件，可以确定轨道倾角增量与远地点高度增量的一个可行域，即

$$\begin{cases}0 \leqslant \Delta i_\mathrm{N} \leqslant \Delta i_\mathrm{M} \\ 0 \leqslant \Delta H_{a\mathrm{N}} \leqslant \Delta H_{a\mathrm{M}}\end{cases} \tag{5-62}$$

在这一条件下，采用弹道重规划方法合理调整推力分量的指令序列，保证终端的轨道倾角与远地点高度约束满足要求。

综上所述，可以确定选取入轨任务的远地点高度与轨道倾角边界条件为

$$\begin{cases}\sqrt{(\Delta i / n_a)^2 + (\Delta H_a / n_c)^2} > 1 \\ \sqrt{(\Delta i / n_b)^2 + (\Delta H_a / n_d)^2} \leqslant 1\end{cases} \tag{5-63}$$

飞行过程中的边界条件满足式(5-63)的条件时，选用能够达到 $\Delta H_{a\mathrm{N}}$ 与 Δi_N 条件的控制指令，通过弹道重规划设计可以实现任务入轨，入轨边界条件如图 5-3 所示。

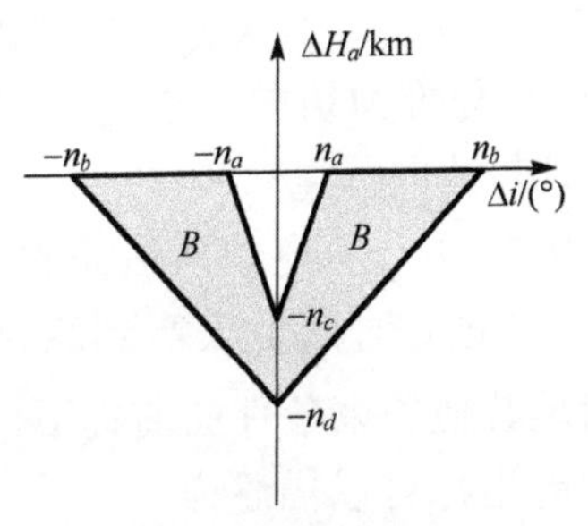

图 5-3　重规划入轨边界条件

需要指出的是，式(5-57)与式(5-63)给出的边界条件并非严格的临界条件，而是满足任务要求与特定约束下的充分条件。在满足条件时可以执行相应的自适应调整或弹道重规划设计，从而保证轨道倾角与远地点高度达到预定的任务要求。

5.1.4 任务降级入轨条件

随着飞行偏差的进一步增大，如果最大远地点高度增量或最大轨道倾角增量不能满足目标轨道要求，则无论推力指令如何选取，都无法完成原定的入轨任务，此时需要考虑任务降级设计。

任务降级同样存在一定的边界条件。设计合理的任务降级方案，通过任务降级规划将载荷送入次优轨道。此时需要对控制指令进行重构，生成新的u_θ、u_r、u_h指令。不同的任务类型，确定相应优化问题的性能指标、状态方程和约束条件，对异常飞行状态实现一定程度的补救。如果当前时刻的远地点高度增量能够满足任务降级轨道要求，即可认为通过对推力指令的重构可以实现降级入轨任务。当轨道倾角出现偏差时，情况同理。可以确定调整u_θ、u_r、u_h指令后实现入轨任务的远地点高度与轨道倾角边界条件，即

$$n_e = \Delta H_{a\mathrm{M}} - \Delta H_{a\mathrm{D}} \tag{5-64}$$

式中，$\Delta H_{a\mathrm{D}}$为任务降级轨道边界条件下的远地点高度增量。

下面对任务降级轨道边界条件进行分析。

选用能够达到轨道倾角约束条件下的最大远地点高度作为任务目标，此时的最大远地点高度必然大于任务降级的边界条件。远地点高度 H_a 的变化情况与推力切向分量u_θ、径向分量u_r有关，轨道倾角 i 的变化情况只与法向分量u_h有关。法向推力分量作用下的轨道倾角增量Δi_D可由 5.1.1 节轨道倾角估计的方法确定。入轨点所需的特征增量F_D表示经过t_k时间后火箭到达目标轨道平面时的远地点高度增量。在满足其他约束条件的前提下，保证火箭获得尽可能大的特征增量，性能指标可以描述为

$$J = -\Delta F_{\mathrm{D}} = -\int_0^{t_{\mathrm{f}}} D(x,u)\,\mathrm{d}t \tag{5-65}$$

其中，

$$D(x,u) = [A(1+e)\sin f \cdot u_r + A(2+2e\cos f + B - eB)\cdot u_\theta + \Delta i_{\mathrm{D}}] \tag{5-66}$$

根据状态方程与性能指标，构造问题的 Hamilton 函数：

$$\begin{aligned} H(x,\lambda,u) = & D(x,u) + \lambda_1 x_4 + \lambda_2 x_5 + \lambda_3 x_6 \\ & + \lambda_4[-K(x_1,x_2,x_3)\cdot x_1 + u_1 / x_7] \\ & + \lambda_5[-K(x_1,x_2,x_3)\cdot x_1 + u_2 / x_7] \\ & + \lambda_6[-K(x_1,x_2,x_3)\cdot x_1 + u_3 / x_7] \\ & - \lambda_7\sqrt{u_1^2 + u_2^2 + u_3^2} / I_{\mathrm{sp}} g_0 \end{aligned} \tag{5-67}$$

根据 Hamilton-极小条件，当 $\boldsymbol{x}^*(t),\boldsymbol{\lambda}(t)$ 保持不变的条件下，合理选取 $\boldsymbol{u}$ 使得 Hamilton 函数取全局最小，即确定以下函数的最小值：

$$D'(x,u) = D(x,u) + \lambda_4 u_1 / x_7 + \lambda_5 u_2 / x_7 + \lambda_6 u_3 / x_7 \tag{5-68}$$

对于上升段飞行过程，可以确定满足飞行条件的推力加速度大小与推力作用角，据此可确定推力加速度分量 $u_{\theta\mathrm{D}}$、$u_{r\mathrm{D}}$。当推力切向分量达到最大值，后续任务的飞行时间达到任务降级边界时，运载火箭能够获得的远地点高度增量为

$$\Delta H_{a\mathrm{D}} = \int_0^{t_{\mathrm{M}}} [A(1+e)\sin f \cdot u_{r\mathrm{D}} + A(2+2e\cos f + B - eB)\cdot u_{\theta\mathrm{D}} + \Delta i_{\mathrm{D}}]\,\mathrm{d}t \tag{5-69}$$

对于异面轨道转移飞行任务来说，除了根据远地点高度确定最远可达范围外，还需要对轨道倾角的偏差进行分析。轨道倾角偏差能够反映出入轨点与目标轨道不共面时的可调整范围。

下面对任务降级的边界条件进行分析。

(1) 当转移轨道与目标轨道共面时，不需要考虑法向控制分量的影响，同时轨道倾角偏差 $\Delta i = 0$，满足

$$\Delta H_{a\mathrm{M}} - \Delta H_{a\mathrm{K}} \leqslant |\Delta H_a| \leqslant \Delta H_{a\mathrm{M}} - \Delta H_{a\mathrm{D}} \tag{5-70}$$

当远地点高度偏差较小时，远地点高度增量满足边界条件。采

用弹道重规划方法，适当调整切向与径向推力分量，可以保证终端的远地点高度约束任务降级的要求。

(2) 当转移轨道与目标轨道不在同一平面时，轨道倾角偏差 $\Delta i \neq 0$，需要考虑轨道法向推力分量的影响。对于不同的发射任务，其任务降级轨道对远地点高度与轨道倾角偏差的侧重点也有所不同。根据具体任务的不同，可以设定某一飞行任务降级边界条件函数 $F_{H_a-i}(\Delta H_a,\Delta i)$。这一函数的意义为：当远地点高度偏差与轨道倾角偏差确定时，剩余飞行能力对于任务降级飞行边界的裕度。当恰好达到任务降级的边界条件时，能够满足 $F_{H_a-i}(\Delta H_a,\Delta i)=0$。例如，对于共面轨道转移任务中，有 $F_{H_a-i}(-n_e,0)=0$。

在轨道转移过程中，采用推力控制分量同时调整轨道的远地点高度增量与轨道倾角增量，可以确定轨道倾角增量与远地点高度增量的一个可行域：

$$F_{H_a-i}(\Delta H_{a\mathrm{N}},\ \Delta i_{\mathrm{N}}) \geqslant 0 \tag{5-71}$$

综上所述，可以确定选取入轨任务的远地点高度与轨道倾角边界条件为

$$\begin{cases}\sqrt{(\Delta i / n_b)^2 + (\Delta H_a / n_d)^2} > 1 \\ F_{H_a-i}(\Delta H_{a\mathrm{N}},\ \Delta i_{\mathrm{N}}) \geqslant 0\end{cases} \tag{5-72}$$

飞行过程中的边界条件满足式(5-72)的条件时，重新规划控制指令，可以实现任务降级飞行。入轨边界条件如图 5-4 所示。

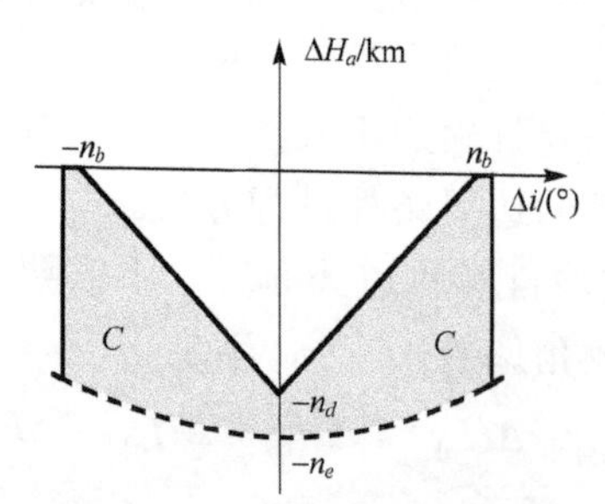

图 5-4　任务降级入轨边界条件

如果飞行偏差过大，无法达到式(5-57)、式(5-63)或式(5-72)所述的任意一种情况，则认为是极大偏差下的灾难性故障，此时即使采用自主弹道重规划也难以挽回。

5.1.5　任务分区设计

通过上述分析可以看出，当飞行过程中出现异常状况时，需要根据当前时刻的飞行状态对弹道进行预判，轨迹异常状态下的可达范围，由远地点高度偏差、轨道倾角偏差以及不同的任务条件确定下一步的行动目标。对于不同的可达范围条件，可以采用自适应动态调整关机点、重新规划控制指令等方法保证入轨，或者对原问题进行重新描述，规划出降级方案。

运载火箭在不同的飞行偏差范围内有着明显不同的特点。采用任务分区的方法，考虑飞行过程中的飞行偏差因素，可以根据偏差范围对任务决策进行分类。以判断轨道倾角与远地点高度偏差为例，运载火箭在出现飞行偏差时的任务决策分区如图 5-5 所示。图中 n_a, n_b 为 5.1.2 节自适应入轨的分区边界，n_c, n_d 为 5.1.3 节重规划入轨的分区边界，n_e 为 5.1.4 节任务降级的分区边界。

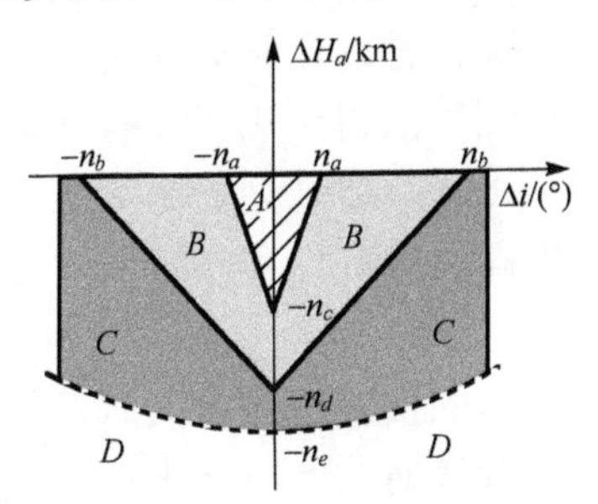

图 5-5　弹道重规划任务分区设计

当轨道倾角与远地点高度偏差较小时，飞行器通过自适应调整或重新规划轨迹可以将载荷送入目标轨道。当超出临界范围，飞行器无法直接通过轨迹重规划将载荷送入目标轨道，此时需要分析飞行任务的可达边界范围，采用任务降级方案规划出次优轨道(救援轨道)。其任务决策分类如表 5-1 所示。

表 5-1　飞行异常状况下的任务决策分类

分区	偏差范围	任务策略
A	在总体偏差范围内	自适应调整进入目标轨道（不需要重规划）
B	超出总体给定的偏差，尚能挽回	重新规划进入目标轨道（需要重规划弹道）
C	超出总体给定的偏差，无法入轨	降级飞行进入次优轨道（需要重规划弹道）
D	偏差过大，难以挽回的灾难性故障	—

飞行任务分区需要综合利用全箭信息确定偏差范围，根据飞行状态判断是否开展重规划工作，并生成相应的制导和控制诸元。运载火箭可以采取自适应调整入轨、弹道重规划入轨、任务降级重规划等不同的任务策略。

当运载火箭的飞行偏差在允许范围内(*A* 区)，无须开展弹道重规划工作，采用系统自身的适应性调整就可以将载荷送入目标轨道。

当超出总体给定的偏差，但超出偏差范围不大时(*B* 区)，可以采用弹道重规划设计，综合考虑运载火箭实时位置、速度、目标及约束条件，通过快速规划算法得到满足飞行终端任务要求的弹道，将载荷送入目标轨道。飞行弹道规划要尽可能保证规划问题有解且收敛，之后可以通过提高约束条件和求解精度等方法获得更高精度的优化解。

当运载火箭飞行超出的偏差范围过大时，载荷不能进入目标轨道，在尚未造成致命性故障时(*C* 区)，火箭开展弹道重规划工作，通过任务降级与弹道规划将载荷送入次优轨道，对异常飞行状态实现一定程度的补救。降级轨道任务设计需要分析运载火箭在给定初始状态和能量约束条件下能够达到的位置集合，在可达范围内选择合适的终端约束，并重新规划飞行任务目标。降级轨道的设计和选择需要考虑飞行任务的特点和需求，通常由总体设计部门给定。需要提出合理可行的任务规划策略，可以根据任务需求、后续调整难度、可实现性等因素，提出合理可行的降级策略。

根据运载能力评估分析的结果，结合具体的飞行任务，可以确定任务决策分区的边界条件。为了确定飞行异常状况下任务决策分区的边界条件，需要根据火箭飞行的轨道倾角偏差、远地点高度偏差进行轨道预报。轨道预报是指在轨道初值确定的前提下，根据火箭的运动微分方程模型，来预测火箭在未来一段时间内的位置和速度。如果初值以及所采用的数学模型是准确的，那么直接对微分方程进行积分就可以给出火箭运动状态的预测。为实现轨道预报，目前主要采用数值积分法，数值积分是基于轨道运动微分方程和确定的初值，一步一步地积分出下一时刻运载火箭瞬时轨道根数或者位置速度，只要积分的步长和阶数取得合适，一般可以得到理想的精度。

运载火箭在故障情况下，弹道重规划问题可以转化为最优控制问题，结合任务分区的结果确定任务决策。通过求解最优控制问题对火箭当前的飞行弹道进行重新规划，生成新的任务弹道。

5.2　离线弹道规划技术

5.2.1　离线规划设计

离线规划设计需要在火箭发射前，利用图 5-5 的任务分区设计确定 A、B、C、D 不同分区内的故障预案。考虑不同的飞行时段和不同的推力偏差，设置多种故障模式的预案。依据故障发生区域，以及当前的剩余燃料和目标轨道根数要求，切换到最佳匹配的目标轨道，生成相应的制导方案和控制诸元。离线弹道重规划方案在箭上计算量较小，计算结果满足实时性与收敛性的相关要求，能够针对特定预案完成重规划，在飞行任务前需要完成大量的预设工作，主要适用于实时性要求高且故障符合预置设计的飞行任务。

处于故障条件下的离线弹道规划主要分为三步。

(1) 运载火箭程序角参数化建模。对于运载火箭上升段异常飞行状态，对程序角进行参数化建模，运载火箭上升段弹道规划中可对控制变量进行参数化建模。

(2) 当前状态与终端状态的动态积分模型构建。构建动态积分模型，输入参数为弹道任意时刻的状态以及表征程序角的一组参数，输出参数为目标点状态。

(3) 基于优化算法实现弹道规划。设计优化算法并进行改进，提出一种有效的全局寻优性能较强的算法，并将其应用于运载火箭弹道规划。

这种基于故障预案的弹道重规划方案，需要在飞行任务前完成预设工作，预设的重规划弹道数量是有限的。在实际飞行过程中，有可能在任意时刻出现故障情况，出现故障状况的状态很难与预设故障状态点完全匹配，此时可以采用弹道插值的方法，在故障状态点选取临近的预案规划弹道，对多条预案弹道采用加权方式进行插值，得到重规划弹道。

经过上述过程，可以规划出满足约束条件的飞行程序角参数，由此可以确定规划出的飞行弹道。根据当前的飞行状态和终端目标，对飞行过程中优化算法的可调参数进行分析，主要包括发动机推力方向、关机参数、关机时间等。通过参数分析，优化选择可调整参数的量值，以满足飞行要求。

1. 离线弹道重规划 B 区方案

当运载火箭在飞行过程中出现推力下降故障时，根据运载火箭当前的运动信息以及发动机参数信息，分析不同程度的发动机推力下降对任务的影响，分析评估火箭剩余的运载能力，可以将问题转化为最优控制问题，通过最优控制问题的解对火箭当前的飞行弹道进行评估，并确定相应的任务控制决策。

非线性系统最优控制问题，包括状态方程、约束条件、性能指

标三部分，整个最优控制问题要求在满足状态方程和约束条件下，使得性能指标达到极小值，统一形式可以写为

$$
\begin{aligned}
&\min\ J \\
&\text{s.t.}\quad \frac{\mathrm{d}\boldsymbol{x}(t)}{\mathrm{d}t}=f[\boldsymbol{x}(t),\boldsymbol{u}(t),t],t\in[t_0,t_{\mathrm{f}}] \\
&\qquad E[\boldsymbol{x}(t),\boldsymbol{u}(t),t]=0 \\
&\qquad I[\boldsymbol{x}(t),\boldsymbol{u}(t),t]\leqslant 0
\end{aligned}
\tag{5-73}
$$

其中，t_0 为初始时刻；t_{f} 为终端时刻；$E[\boldsymbol{x}(t),\boldsymbol{u}(t),t]$为等式约束条件；$I[\boldsymbol{x}(t),\boldsymbol{u}(t),t]$为不等式约束条件。优化问题的状态方程据本书第 2 章的火箭运动学与动力学方程(2-19)确定，选择飞行器的位移、速度、质量作为状态变量 $\boldsymbol{x}=[r_x, r_y, r_z, v_x, v_y, v_z, z]^{\mathrm{T}}$，推力矢量的单位方向作为控制变量 $\boldsymbol{u}=[a_{Tx}, a_{Ty}, a_{Tz}, w]^{\mathrm{T}}$。

由于飞行中需要满足各种等式与不等式约束条件，并且在满足某种性能的前提下要以一定终端精度完成飞行任务，因此需要分析轨迹优化问题的约束条件。

通常将运载火箭的当前状态作为初始端点约束，即

$$
\boldsymbol{x}(t_0)=\boldsymbol{x}_0\in\mathbf{R}^7 \tag{5-74}
$$

式中，$\boldsymbol{x}_0=[\boldsymbol{r}_0^{\mathrm{T}}, \boldsymbol{v}_0^{\mathrm{T}}, m_0]^{\mathrm{T}}$ 为飞行器轨迹重规划的初始状态。

对于运载火箭在飞行结束时需要到达某一个给定的目标状态的情况，终端约束有

$$
\boldsymbol{r}(t_{\mathrm{f}})=\boldsymbol{r}_{\mathrm{f}}\in\mathbf{R}^3,\quad \boldsymbol{v}(t_{\mathrm{f}})=\boldsymbol{v}_{\mathrm{f}}\in\mathbf{R}^3 \tag{5-75}
$$

式中，$\boldsymbol{r}_{\mathrm{f}}$ 和 $\boldsymbol{v}_{\mathrm{f}}$ 分别是目标轨道的位移矢量与速度矢量，终端质量 m_{f} 通常是自由的，需要满足终端的不等式约束。

根据飞行器在中心引力场轨道上无动力运行时，存在保持不变的特征轨道参数，可以由此描述目标轨道的约束条件。有效载荷的目标轨道由五个轨道根数决定。在推力大小不变的情况下，定点入轨是无法保证的。在求解过程中将真近点角作为变量进行处理，通过五个轨道根数及真近点角，可以确定入轨点位置与速度。当末端

满足轨道根数半长轴 a、偏心率 e、轨道倾角 i、升交点赤经 Ω、近地点幅角 ω 共 5 个终端约束时，具体表述为

$$\boldsymbol{h}=\begin{bmatrix} h_1 \\ h_2 \\ h_3 \\ h_4 \\ h_5 \end{bmatrix}=\begin{bmatrix} \dfrac{a}{R_0}-[2(\boldsymbol{r}^{\mathrm{T}}\boldsymbol{r})^{-1/2}-\boldsymbol{v}^{\mathrm{T}}\boldsymbol{v}]^{-1} \\ \dfrac{a(1-e^2)}{R_0}-(\boldsymbol{r}\times\boldsymbol{v})^{\mathrm{T}}(\boldsymbol{r}\times\boldsymbol{v}) \\ \boldsymbol{r}^{\mathrm{T}}\boldsymbol{h}_N \\ \boldsymbol{v}^{\mathrm{T}}\boldsymbol{h}_N \\ (\boldsymbol{v}^{\mathrm{T}}\boldsymbol{v}-\dfrac{1}{\sqrt{\boldsymbol{r}^{\mathrm{T}}\boldsymbol{r}}})r_z-\boldsymbol{r}^{\mathrm{T}}\boldsymbol{v}v_z-e\sin i\sin\omega \end{bmatrix} \tag{5-76}$$

式中，$\boldsymbol{h}_N$ 为目标轨道法向矢量，即

$$\boldsymbol{h}_N=\begin{bmatrix} \sin[\Omega(t_{\mathrm{f}})]\sin[i(t_{\mathrm{f}})] \\ -\cos[\Omega(t_{\mathrm{f}})]\sin[i(t_{\mathrm{f}})] \\ \cos[i(t_{\mathrm{f}})] \end{bmatrix} \tag{5-77}$$

离线弹道重规划 B 区方案的终端约束为满足要求的目标轨道根数，即

$$h(\boldsymbol{s}_{\mathrm{f}})=0 \tag{5-78}$$

对于多级火箭上升段飞行过程，各级的飞行状态有所不同。级间分离的过渡阶段需要满足约束：

$$\begin{aligned} &\boldsymbol{r}^{(p)}(t_{\mathrm{f}})=\boldsymbol{r}^{(p+1)}(t_0) \\ &\boldsymbol{v}^{(p)}(t_{\mathrm{f}})=\boldsymbol{v}^{(p+1)}(t_0) \\ &m^{(p)}(t_{\mathrm{f}})-m_{\mathrm{d}}^{(p)}(t_{\mathrm{f}})=m^{(p+1)}(t_0) \end{aligned} \tag{5-79}$$

其中，p=1,2,…表示火箭不同的飞行阶段，m_{d} 为级间分离抛去前级的质量。

弹道规划问题是一个典型的非线性最优控制问题，其运动学方程、控制量约束均呈现很强的非线性。根据现有的最优控制技术，这一非线性最优控制问题的全局最优解很难实时求解得到。因此，能够以收敛的数值方法求解该问题局部最优解，是本章的主要研究目标。

多级火箭弹道重规划问题可以描述为最优控制问题，最优控制模型以有限推力作用下的质心运动模型作为状态方程，系统包含 7 个状态量 $\boldsymbol{s}=[x, y, z, V_x, V_y, V_z, m]^{\mathrm{T}}$ 和 3 个控制量 $\boldsymbol{u}=[u_x, u_y, u_z]^{\mathrm{T}}$。运载火箭的弹道规划问题，通常发动机推力大小不可调节，优化算法主要是对发动机推力方向和工作时间进行优化求解，即求解最优的推力矢量方向，使得在满足运动学方程、推力大小约束、端点约束、燃料约束等的情况下，任务结束时消耗推进剂最省。主要考虑最省燃料这一性能指标，可以描述为

$$\min J = \int_{t_0}^{t_{\mathrm{f}}} \dot{m}\,\mathrm{d}t \tag{5-80}$$

由于在 $[t_0, t_{\mathrm{f}}]$ 时间段内，恒有 $\dot{m} < 0$，可知运载火箭的质量是单调递减的，因此，最省燃料这一性能指标与最大运载火箭的终端质量等价，此时可以将最省燃料的性能指标转化为

$$\min J = -m(t_{\mathrm{f}}) \tag{5-81}$$

当运载火箭飞行超出的偏差范围过大时，载荷不能进入目标轨道。在尚未造成致命性故障时，火箭开展弹道重规划工作，通过任务降级与弹道规划将载荷送入次优轨道，对异常飞行状态实现一定程度的补救。降级轨道设计可以尽可能保留原有的轨道根数约束条件。选取轨道根数作为终端的约束形式，通过减少终端约束数量完成任务轨道降级。

状态方程选用式(2-19)的形式，选取最少燃料消耗作为离线规划问题 B 区方案的性能指标函数。在用控制理论对这一问题进行求解时，将其建模为一个最优控制问题：

$$\begin{aligned}
\min\ & J = -m(t_{\mathrm{f}}) \\
\text{s.t.}\ & \dot{\boldsymbol{r}} = \boldsymbol{v} \\
& \dot{\boldsymbol{v}} = \boldsymbol{g} + \frac{\boldsymbol{T}}{m} + \boldsymbol{F}_{\mathrm{D}} + \boldsymbol{F}_{\mathrm{L}} + \boldsymbol{F}_{\mathrm{S}} \\
& \dot{m} = -\frac{\|\boldsymbol{T}(t)\|}{I_{\mathrm{sp}} g_0}
\end{aligned}$$

$$
\begin{aligned}
&\boldsymbol{s}(t_0)=\boldsymbol{s}_0\in\mathbf{R}^7,\quad \boldsymbol{s}_0=[\boldsymbol{r}_0^{\mathrm{T}},\boldsymbol{v}_0^{\mathrm{T}},m]^{\mathrm{T}}\\
&h(\boldsymbol{s}_f)=0\in\mathbf{R},\quad \boldsymbol{s}_{\mathrm{f}}=[\boldsymbol{r}_{\mathrm{f}}^{\mathrm{T}},\boldsymbol{v}_{\mathrm{f}}^{\mathrm{T}},m]^{\mathrm{T}}\\
&\boldsymbol{r}^{(p)}(t_{\mathrm{f}})=\boldsymbol{r}^{(p+1)}(t_0),\quad \boldsymbol{v}^{(p)}(t_{\mathrm{f}})=\boldsymbol{v}^{(p+1)}(t_0)\\
&\boldsymbol{r}_{\min}\leqslant\boldsymbol{r}\leqslant\boldsymbol{r}_{\max},\quad \boldsymbol{v}_{\min}\leqslant\boldsymbol{v}\leqslant\boldsymbol{v}_{\max}\\
&\boldsymbol{u}^{(k)\mathrm{T}}\boldsymbol{u}^{(k)}-1=0\\
&m^{(p)}(t_{\mathrm{f}})-m_d^{(p)}(t_{\mathrm{f}})=m^{(p+1)}(t_0),\quad m_{\mathrm{dry}}\leqslant m(t)\leqslant m_0
\end{aligned}
\tag{5-82}
$$

2. 离线弹道重规划 C 区方案

离线弹道重规划 C 区方案的终端约束为任务降级轨道约束。降级轨道设计可以尽可能保留原有的轨道根数约束条件。选取轨道根数作为终端的约束形式，通过减少终端约束数量完成任务轨道降级。离线弹道重规划方案的终端约束为满足要求的降级轨道根数，即

$$
h_{\text{downgrade}}(\boldsymbol{s}_{\mathrm{f}})=0\in\mathbf{R}^n,\quad 2\leqslant n<5 \tag{5-83}
$$

例如，当末端满足轨道根数半长轴 a、偏心率 e、轨道倾角 i、升交点赤经 Ω 这 4 个终端约束时，具体表述为

$$
\boldsymbol{h}_{\text{downgrade}}=\begin{bmatrix}h_1\\h_2\\h_3\\h_4\end{bmatrix}=\begin{bmatrix}\dfrac{a}{R_0}-[2(\boldsymbol{r}^{\mathrm{T}}\boldsymbol{r})^{-1/2}-\boldsymbol{v}^{\mathrm{T}}\boldsymbol{v}]^{-1}\\ \dfrac{a(1-e^2)}{R_0}-(\boldsymbol{r}\times\boldsymbol{v})^{\mathrm{T}}(\boldsymbol{r}\times\boldsymbol{v})\\ \boldsymbol{r}^{\mathrm{T}}\boldsymbol{h}_N\\ \boldsymbol{v}^{\mathrm{T}}\boldsymbol{h}_N\end{bmatrix} \tag{5-84}
$$

状态方程选用式(2-20)的形式，选取燃料消耗最少作为离线规划问题 C 区方案的性能指标函数。改变终端约束条件，将其建模为一个最优控制问题：

$$
\begin{aligned}
\min\quad & J=-m(t_{\mathrm{f}})\\
\text{s.t.}\quad & \dot{\boldsymbol{r}}=\boldsymbol{v}\\
& \dot{\boldsymbol{v}}=\boldsymbol{g}+\frac{\boldsymbol{T}}{m}+\boldsymbol{F}_{\mathrm{D}}+\boldsymbol{F}_{\mathrm{L}}+\boldsymbol{F}_{\mathrm{S}}
\end{aligned}
$$

$$
\begin{aligned}
&\dot{m} = -\frac{\| \boldsymbol{T}(t) \|}{I_{\mathrm{sp}} g_0} \\
&\boldsymbol{s}(t_0) = \boldsymbol{s}_0 \in \mathbf{R}^7,\ \boldsymbol{s}_0 = [\boldsymbol{r}_0^{\mathrm{T}}, \boldsymbol{v}_0^{\mathrm{T}}, m]^{\mathrm{T}} \\
&\boldsymbol{h}_{\mathrm{downgrade}}(\boldsymbol{s}_{\mathrm{f}}) = 0 \in \mathbf{R}^n,\ \boldsymbol{s}_{\mathrm{f}} = [\boldsymbol{r}_{\mathrm{f}}^{\mathrm{T}}, \boldsymbol{v}_{\mathrm{f}}^{\mathrm{T}}, m]^{\mathrm{T}}, 2 \leqslant n < 5 \\
&\boldsymbol{r}^{(p)}(t_{\mathrm{f}}) = \boldsymbol{r}^{(p+1)}(t_0), \boldsymbol{v}^{(p)}(t_{\mathrm{f}}) = \boldsymbol{v}^{(p+1)}(t_0) \\
&\boldsymbol{r}_{\min} \leqslant \boldsymbol{r} \leqslant \boldsymbol{r}_{\max},\quad \boldsymbol{v}_{\min} \leqslant \boldsymbol{v} \leqslant \boldsymbol{v}_{\max} \\
&\boldsymbol{u}^{(k)\mathrm{T}} \boldsymbol{u}^{(k)} - 1 = 0 \\
&m^{(p)}(t_{\mathrm{f}}) - m_{\mathrm{d}}^{(p)}(t_{\mathrm{f}}) = m^{(p+1)}(t_0),\quad m_{\mathrm{dry}} \leqslant m(t) \leqslant m_0
\end{aligned}
\tag{5-85}
$$

5.2.2 自适应伪谱法

在完成程序角参数化建模和动态积分模型的基础上，需要采用一定的优化方法获得最优解。离线弹道规划问题可以采用自适应伪谱法实现，将连续空间的最优控制问题求解转化为非线性规划问题。传统伪谱法采用全局插值多项式拟合，为了保证逼近精度要求多项式具有较高阶次，离散化后非线性规划问题规模很大，导致了计算难度和求解时间的增加。自适应伪谱法在传统伪谱法的基础上加入了自适应区间划分，在优化过程中可以更新配点设置，动态调整区间长度和基函数阶次。自适应伪谱法适用于状态变量或控制变量变化较为快速的优化问题，这种方法可以更加灵活地完成优化问题的求解。

对于非线性规划问题，采用 Gauss-Radau 点作为配置点进行配置，可以得到伪谱法处理后的非线性规划问题。将整个时域分为 K 个有限元，每个有限元内用 N 阶拉格朗日插值多项式对变量和约束进行逼近。

正交拉格朗日多项式的基点在$(-1,1)$之间取值，需要首先将时间变量$[t_0, t_{\mathrm{f}}]$投影变换到$[-1,1]$，即

$$
t = \frac{t_{\mathrm{f}} - t_0}{2}\tau + \frac{t_{\mathrm{f}} + t_0}{2},\quad \tau \in [-1, +1] \tag{5-86}
$$

问题求解过程中，当结果不满足精度要求时，自适应算法可以通过增加近似多项式的维数或增加子区间数来更新问题，以提高求解精度。当第 k 个子区间的误差不满足精度要求时，若区间的曲率比符合要求，则通过增加区间内插值多项式的维数来提高求解精度，更新后的插值多项式维数为

$$N^{(k)} = N_0^{(k)} + f_{\text{ceil}}[\lg(\varepsilon^{(k)} / \varepsilon_{\text{d}})] + 1 \tag{5-87}$$

其中，f_{ceil} 函数输出为大于等于输入量的最小整数，$N_0^{(k)}$ 为更新前的多项式维数，$\varepsilon^{(k)}$ 为子区间内近似状态量的误差，ε_{d} 为给定的误差门限值。

当误差不满足精度要求时，若区间的曲率比不符合要求，则通过增加子区间数量来提高求解精度，新增节点位置由曲率密度函数决定，新增节点个数为

$$n_k = 2 \cdot f_{\text{ceil}}[\lg(\varepsilon^{(k)} / \varepsilon_{\text{d}})] - 1 \tag{5-88}$$

将连续最优控制问题转换为以基点处的状态变量和控制变量为未知系数的标准非线性规划问题，原来的连续问题转化成为离散问题。变量取值包括初值和 K 个基点值，时间变量有 $-1<T_0<T_1<\cdots<T_K=+1$，网格 $k=1,2,\cdots,K$ 的对应的状态量和控制量分别为 $\boldsymbol{X}^{(k)}(\tau)$，$\boldsymbol{U}^{(k)}(\tau)$，则有离散状态量为

$$\boldsymbol{X}^{(k)}(\tau) = \sum_{j=1}^{N_k+1} X_j^{(k)} l_j^{(k)}(\tau),\ l_j^{(k)}(\tau) = \prod_{l=1, l\neq j}^{N_k+1} \frac{\tau - \tau_l^{(k)}}{\tau_j^{(k)} - \tau_l^{(k)}} \tag{5-89}$$

其中，$l_j^{(k)}(\tau), j=1,\cdots,N_k+1$ 为正交拉格朗日多项式，$\tau^{(k)} \in [T_k-1, T_k)$，离散量的状态方程表达式为

$$\sum_{j=1}^{N_k+1} \boldsymbol{D}_{ij}^{(k)} X_j^{(k)} - \frac{t_{\text{f}} - t_0}{2} f(X_i^{(k)}, U_i^{(k)}, \tau_i^{(k)}) = 0 \tag{5-90}$$

其中，$\boldsymbol{D}_{ij}^{(k)}$ 是一个 $N_k\times(N_k+1)$ 维微分矩阵：

$$\boldsymbol{D}_{ij}^{(k)} = \left.\frac{\mathrm{d}l_j^{(k)}(\tau)}{\mathrm{d}\tau}\right|_{\tau_i^{(k)}},\ i=1,\cdots,N_k,\ j=1,\cdots,N_k+1 \tag{5-91}$$

性能指标可选取推进剂消耗最少，对于推力大小不可调的火箭来说，等效于飞行时间最短。连续问题转化成为离散的最优问题，性能指标可以描述为

$$\min J = \frac{t_0 - t_f}{2}\sum_{k=1}^{K} W_k$$

其中，W_k 为 Gauss 积分公式中的积分权重，当基点数给定时为常值。

最优问题的约束条件包括地心惯性系中控制变量的单位化约束、变化率约束以及状态变量约束，即

$$\begin{cases} \boldsymbol{U}^{(k)\mathrm{T}}\boldsymbol{U}^{(k)} - 1 = 0 \\ \left|\dfrac{\boldsymbol{U}^{(k+1)} - \boldsymbol{U}^{(k)}}{\tau^{(k+1)} - \tau^{(k)}}\right| \leqslant \dfrac{t_f - t_0}{2}\Delta U \\ r^{(k)} \geqslant R_E \\ X_{N_k+1}^{(k)} = X_1^{(k+1)} \end{cases} \tag{5-92}$$

其中，ΔU 表示控制变量变化率的幅值约束，将地球近似为圆球取半径 R_E。最优控制问题可以转化为非线性规划问题。

5.2.3　离线规划问题求解

非线性规划问题的求解可以采用序列二次规划或随机搜索等算法完成求解。通过非线性规划求解器迭代求解，将求得变量代入离散化后的问题得到约束残差再返回求解器，迭代计算使残差逐渐逼近零，求得变量也越来越逼近最优解。通过离线规划，在满足预置情况下，重规划得到的结果是唯一且收敛的。

序列二次规划算法是一种迭代算法，具有较好的鲁棒性、快速收敛性和非线性处理能力。序列二次规划算法的基本思想是，在每一步迭代中将原问题近似为一个二次规划子问题，求解二次子问题确定下降方向。为了保证求解的全局收敛性，序列二次规划算法需要沿着搜索方向进行线性搜索以得到一个搜索步长，使得评价函数

获得一定的下降量。得到搜索步长后，确定下一个迭代点，直到求得原问题的解。

非线性规划问题的标准形式可以描述为

$$\begin{aligned} &\min \quad f(\boldsymbol{x}) \\ &\text{s.t.} \quad c_i(\boldsymbol{x})=0 \quad i=1,2,\cdots,m \\ &\qquad\ \ c_j(\boldsymbol{x})\geqslant 0 \ \ j=m+1,m+2,\cdots,n, m\leqslant n \end{aligned} \tag{5-93}$$

式中，目标函数与约束条件均二阶可微且连续。当 $\boldsymbol{x}$ 为满足非线性规划问题式(5-93)的局部最优解，则存在向量组 $(\boldsymbol{x},\boldsymbol{\lambda})$ 满足非线性规划问题的必要条件，即 KKT(Karush-Kuhn-Tucker) 条件为

$$\begin{aligned} &\nabla f(\boldsymbol{x})-\sum_{i=1}^{n}\lambda_i\nabla c_i(\boldsymbol{x})=0 \\ &c_i(\boldsymbol{x})=0 \quad\ i\in \boldsymbol{E} \\ &c_i(\boldsymbol{x})\geqslant 0, \lambda_i\geqslant 0, \lambda_i c_i(\boldsymbol{x})=0 \quad j\in \boldsymbol{I} \end{aligned} \tag{5-94}$$

式中，$\boldsymbol{\lambda}=(\lambda_1,\lambda_2,\cdots,\lambda_n)^{\mathrm{T}}$ 为拉格朗日乘子向量，$\boldsymbol{E}$ 为等式约束集合，$\boldsymbol{I}$ 为不等式约束集合。

首先考虑只包含等式约束条件的优化，非线性规划问题可以描述为

$$\begin{aligned} &\min \ \ f(\boldsymbol{x}) \\ &\text{s.t.} \ \ c_i(\boldsymbol{x})=0 \quad i=1,2,\cdots,m \end{aligned} \tag{5-95}$$

拉格朗日函数为

$$\boldsymbol{L}(\boldsymbol{x},\boldsymbol{\lambda})=\boldsymbol{f}(\boldsymbol{x})-\sum_{i=1}^{m}\lambda_i\boldsymbol{c}_i(\boldsymbol{x}) \tag{5-96}$$

拉格朗日函数关于 $\boldsymbol{x}$ 的梯度向量和 Hessian 矩阵为

$$\nabla_x \boldsymbol{L}(\boldsymbol{x},\lambda)=\nabla\boldsymbol{f}(\boldsymbol{x})-\sum_{i=1}^{m}\lambda_i\nabla c_i(\boldsymbol{x}) \tag{5-97}$$

$$\nabla_x^2 \boldsymbol{L}(\boldsymbol{x},\lambda)=\nabla^2\boldsymbol{f}(\boldsymbol{x})-\sum_{i=1}^{m}\lambda_i\nabla^2\boldsymbol{c}_i(\boldsymbol{x})=0 \tag{5-98}$$

采用 $\nabla \boldsymbol{c}(\boldsymbol{x})$ 表示以偏导数 $\dfrac{\partial c_j(x)}{\partial x_i}$ 为第 (i,j) 元素的 $n\times m$ 阶雅可比矩阵。$\nabla \boldsymbol{L}(\boldsymbol{x},\boldsymbol{\lambda})$ 表示拉格朗日函数关于 $\boldsymbol{x}$ 和 $\boldsymbol{\lambda}$ 的梯度向量，$\nabla^2 \boldsymbol{L}(\boldsymbol{x},\boldsymbol{\lambda})$ 表示拉格朗日函数关于 $\boldsymbol{x}$ 和 $\boldsymbol{\lambda}$ 的 Hessian 矩阵，即

$$\nabla \boldsymbol{L}(\boldsymbol{x},\boldsymbol{\lambda})=\begin{bmatrix}\nabla \boldsymbol{f}(\boldsymbol{x})-\boldsymbol{\lambda}\boldsymbol{c}(\boldsymbol{x})\\ -\boldsymbol{c}(\boldsymbol{x})\end{bmatrix} \tag{5-99}$$

$$\nabla^2 \boldsymbol{L}(\boldsymbol{x},\boldsymbol{\lambda})=\begin{bmatrix}\nabla_x^2 \boldsymbol{L}(\boldsymbol{x},\boldsymbol{\lambda}) & -\nabla \boldsymbol{c}(\boldsymbol{x})\\ -\nabla \boldsymbol{c}^{\mathrm{T}}(\boldsymbol{x}) & 0\end{bmatrix} \tag{5-100}$$

$\nabla \boldsymbol{L}(\boldsymbol{x},\boldsymbol{\lambda})$ 在 $(\boldsymbol{x}^k,\boldsymbol{\lambda}^k)$ 处的一阶 Taylor 展开式为

$$\nabla \boldsymbol{L}(\boldsymbol{x},\boldsymbol{\lambda})=\nabla \boldsymbol{L}(\boldsymbol{x}^k,\boldsymbol{\lambda}^k)+\nabla^2 \boldsymbol{L}(\boldsymbol{x}^k,\boldsymbol{\lambda}^k)\begin{bmatrix}\boldsymbol{x}-\boldsymbol{x}^k\\ \boldsymbol{\lambda}-\boldsymbol{\lambda}^k\end{bmatrix} \tag{5-101}$$

最优解需要满足 $\nabla \boldsymbol{L}(\boldsymbol{x},\boldsymbol{\lambda})=0$ 的条件，根据 KKT 条件及式(5-99)～式(5-101)可知，$(\boldsymbol{x},\boldsymbol{\lambda})$ 是拉格朗日稳定解的条件，可以近似表达为

$$\begin{bmatrix}\nabla_x^2 \boldsymbol{L}(\boldsymbol{x}^k,\boldsymbol{\lambda}^k) & -\nabla \boldsymbol{c}(\boldsymbol{x}^k)\\ -\nabla \boldsymbol{c}^{\mathrm{T}}(\boldsymbol{x}^k) & 0\end{bmatrix}\begin{bmatrix}\boldsymbol{x}-\boldsymbol{x}^k\\ \boldsymbol{\lambda}-\boldsymbol{\lambda}^k\end{bmatrix}=-\begin{bmatrix}\nabla \boldsymbol{f}(\boldsymbol{x}^k)-\nabla\boldsymbol{\lambda}^k\boldsymbol{c}(\boldsymbol{x}^k)\\ -\boldsymbol{c}(\boldsymbol{x}^k)\end{bmatrix} \tag{5-102}$$

对式(5-102)整理可得

$$\nabla_x^2 \boldsymbol{L}(\boldsymbol{x}^k,\boldsymbol{\lambda}^k)(\boldsymbol{x}-\boldsymbol{x}^k)-\nabla \boldsymbol{c}(\boldsymbol{x}^k)\boldsymbol{\lambda}=-\nabla \boldsymbol{f}(\boldsymbol{x}^k) \tag{5-103}$$

整理后的式(5-102)可以表示为

$$\begin{bmatrix}\nabla_x^2 \boldsymbol{L}(\boldsymbol{x}^k,\boldsymbol{\lambda}^k) & -\nabla \boldsymbol{c}(\boldsymbol{x}^k)\\ -\nabla \boldsymbol{c}^{\mathrm{T}}(\boldsymbol{x}^k) & 0\end{bmatrix}\begin{bmatrix}\boldsymbol{d}\\ \boldsymbol{\lambda}\end{bmatrix}=\begin{bmatrix}-\nabla \boldsymbol{f}(\boldsymbol{x}^k)\\ \boldsymbol{c}(\boldsymbol{x}^k)\end{bmatrix} \tag{5-104}$$

式中，$\boldsymbol{d}=\boldsymbol{x}-\boldsymbol{x}^k$ 表示搜索方向，如果矩阵 $\boldsymbol{G}^k$ 为 Hessian 矩阵 $\nabla_x^2 \boldsymbol{L}(\boldsymbol{x}^k,\boldsymbol{\lambda}^k)$ 的拟牛顿近似矩阵，则采用拟牛顿法求解的迭代公式可以表示为

$$\begin{bmatrix} \boldsymbol{G}^k & -\nabla \boldsymbol{c}(\boldsymbol{x}^k) \\ -\nabla \boldsymbol{c}^{\mathrm{T}}(\boldsymbol{x}^k) & 0 \end{bmatrix} \begin{bmatrix} \boldsymbol{d} \\ \boldsymbol{\lambda} \end{bmatrix} = \begin{bmatrix} -\nabla \boldsymbol{f}(\boldsymbol{x}^k) \\ \boldsymbol{c}(\boldsymbol{x}^k) \end{bmatrix} \tag{5-105}$$

对于一个二次规划问题：

$$\begin{aligned} &\min \ \frac{1}{2}\boldsymbol{d}^{\mathrm{T}}\boldsymbol{G}^k\boldsymbol{d} + \nabla \boldsymbol{f}^{\mathrm{T}}(\boldsymbol{x}^k)\boldsymbol{d} \\ &\text{s. t.} \ \ \nabla \boldsymbol{c}^{\mathrm{T}}(\boldsymbol{x}^k)\boldsymbol{d} + \boldsymbol{c}(\boldsymbol{x}^k) = 0 \end{aligned} \tag{5-106}$$

式(5-105)可以看作是满足上述二次规划问题的 KKT 条件。

考虑不等式约束条件，可以采用上述方法进行推导与扩展。式(5-93)所描述的非线性规划问题的二次规划模型可以描述为

$$\begin{aligned} &\min \ \frac{1}{2}\boldsymbol{d}^{\mathrm{T}}\boldsymbol{G}^k\boldsymbol{d} + \nabla \boldsymbol{f}^{\mathrm{T}}(\boldsymbol{x}^k)\boldsymbol{d} \\ &\text{s. t.} \ \ \nabla \boldsymbol{c}_i^{\mathrm{T}}(\boldsymbol{x}^k)\boldsymbol{d} + \boldsymbol{c}_i(\boldsymbol{x}^k) = 0 \quad i = 1, 2, \cdots, m \\ &\qquad \ \nabla \boldsymbol{c}_j^{\mathrm{T}}(\boldsymbol{x}^k)\boldsymbol{d} + \boldsymbol{c}_j(\boldsymbol{x}^k) \geqslant 0 \quad j = m+1, m+2, \cdots, n, m \leqslant n \end{aligned} \tag{5-107}$$

对于二次规划问题，有多种算法可以完成求解。二次规划问题的拉格朗日函数和二阶导数的 Hessian 矩阵为

$$\boldsymbol{L}(\boldsymbol{x}, \boldsymbol{\lambda}, \mu) = \boldsymbol{f}(\boldsymbol{x}) + \sum_{i=1}^{m} \lambda_i \boldsymbol{c}_i(\boldsymbol{x}) - \sum_{j=m+1}^{n} \mu_j \boldsymbol{c}_j(\boldsymbol{x}) \tag{5-108}$$

$$\nabla_x^2 \boldsymbol{L}(\boldsymbol{x}, \boldsymbol{\lambda}, \mu) = \nabla^2 \boldsymbol{f}(\boldsymbol{x}) + \sum_{i=1}^{m} \lambda_i \nabla^2 \boldsymbol{c}_i(\boldsymbol{x}) - \sum_{j=m+1}^{n} \mu_j \nabla^2 \boldsymbol{c}_j(\boldsymbol{x}) = 0 \tag{5-109}$$

在实际计算过程中，二阶导数矩阵的信息较难获取，同时需要大量的计算以完成构造，因此在序列二次规划算法中需要对 Hessian 矩阵进行拟牛顿近似。拟牛顿 Hessian 矩阵 $\boldsymbol{G}^k$ 需要随迭代计算而更新，采用 BFGS(Broyden-Fletcher-Goldfarb-Shanno)方法完成更新修正，更新过程中令

$$\begin{aligned} \boldsymbol{y}_k &= \nabla_x \boldsymbol{L}(\boldsymbol{x}_{k+1}, \lambda_k, \mu_k) - \nabla_x \boldsymbol{L}(\boldsymbol{x}_k, \lambda_k, \mu_k) \\ \boldsymbol{s}_k &= \boldsymbol{x}_{k+1} - \boldsymbol{x}_k \end{aligned} \tag{5-110}$$

则有

$$\boldsymbol{G}_{k+1}=\boldsymbol{G}_k+\frac{\boldsymbol{y}_k^{\mathrm{T}}\boldsymbol{y}_k}{\boldsymbol{s}_k^{\mathrm{T}}\boldsymbol{y}_k}-\frac{\boldsymbol{G}_k\boldsymbol{s}_k^{\mathrm{T}}\boldsymbol{s}_k\boldsymbol{G}_k}{\boldsymbol{s}_k^{\mathrm{T}}\boldsymbol{G}_k\boldsymbol{s}_k} \tag{5-111}$$

为了保证求解的全局收敛性，序列二次规划算法需要沿搜索方向 $\boldsymbol{d}$ 进行线性搜索以得到一个搜索步长 Δs，使得价值函数获得一定的下降量，根据搜索步长得到下一个迭代点：

$$\boldsymbol{x}_{k+1}=\boldsymbol{x}_k+\Delta s\boldsymbol{d} \tag{5-112}$$

在迭代计算过程中，通过不断求解原问题的二次规划子问题，最终得到最优解。

5.2.4　预案弹道插值设计

考虑运载火箭在飞行过程中的动力故障，分析动力系统发生故障的时间以及推力下降的幅值，可以离线设计不同的动力故障预案弹道。故障预案弹道按照 RT(*A*)–(*B*)的规则设计，其中，参数 *A* 代表动力故障发生的时间，参数 *B* 代表故障发生时实际推力相较于正常工作推力的百分比。例如，RT300–80 表示当飞行至 300s 时出现 20%推力损失状态下的后续重规划弹道与程序角指令。根据动力故障发生时间及推力下降幅值，设计多元信息下的离线预案弹道集合，某型号运载火箭的芯一级独立飞行段动力故障时的离线预案弹道集合如表 5-2 所示。

表 5-2　芯一级动力故障预案弹道集合

推力损失	故障时间				
	150s	155s	…	360s	365s
5%	RT150–95	RT155–95	…	RT360–95	RT365–95
10%	RT150–90	RT155–90	…	RT360–90	RT365–90
…	…	…	…	…	…
35%	RT150–65	RT155–65	…	RT360–65	RT365–65
40%	RT150–60	RT155–60	…	RT360–60	RT365–60

飞行过程中，如果运载火箭在 $t = T_A$ s 时出现动力故障，实际推力为正常工作推力的 $B\%$(记为 F_B)，根据动力故障预案弹道集合，可以完成飞行弹道与程序角指令的重构。重构后的程序角指令为

$$\begin{aligned} u_x = & \frac{F_B - F_P}{F_Q - F_P}\left[\frac{T_A - T_M}{T_N - T_M}u_{MPx} + \frac{T_N - T_A}{T_N - T_M}u_{NPx}\right] \\ & + \frac{F_Q - F_B}{F_Q - F_P}\left[\frac{T_A - T_M}{T_N - T_M}u_{MQx} + \frac{T_N - T_A}{T_N - T_M}u_{NQx}\right] \end{aligned} \tag{5-113}$$

$$\begin{aligned} u_y = & \frac{F_B - F_P}{F_Q - F_P}\left[\frac{T_A - T_M}{T_N - T_M}u_{MPy} + \frac{T_N - T_A}{T_N - T_M}u_{NPy}\right] \\ & + \frac{F_Q - F_B}{F_Q - F_P}\left[\frac{T_A - T_M}{T_N - T_M}u_{MQy} + \frac{T_N - T_A}{T_N - T_M}u_{NQy}\right] \end{aligned} \tag{5-114}$$

$$\begin{aligned} u_z = & \frac{F_B - F_P}{F_Q - F_P}\left[\frac{T_A - T_M}{T_N - T_M}u_{MPz} + \frac{T_N - T_A}{T_N - T_M}u_{NPz}\right] \\ & + \frac{F_Q - F_B}{F_Q - F_P}\left[\frac{T_A - T_M}{T_N - T_M}u_{MQz} + \frac{T_N - T_A}{T_N - T_M}u_{NQz}\right] \end{aligned} \tag{5-115}$$

式中，T_M,T_N 分别为 T_A 时刻预案弹道时间邻域区间，F_P,F_Q 分别为 F_B 时刻预案弹道推力幅值邻域区间，u_{MP}, u_{NP}, u_{MQ}, u_{NQ} 分别为预案弹道 RT$(M)-(P)$, RT$(N)-(P)$, RT$(M)-(Q)$, RT$(N)-(Q)$ 中离线规划完成的程序指令角。通过多元信息可以完成预案弹道插值与程序指令角重构设计。

5.2.5 仿真分析

以多级运载火箭上升段飞行为例，对于运载火箭上升段异常飞行状态，对程序角进行参数化建模，构建动态积分模型，采用自适应伪谱法完成优化求解。

首先根据任务要求规划标称弹道。标称弹道可以直接采用本书

5.2.2 节的自适应伪谱法完成设计。当火箭飞行过程中出现推力偏差和跟踪偏差时，采用 5.1 节所设计的任务分区方案，确定任务目标轨道根数的约束条件，并规划新的飞行弹道。

1. 离线仿真案例 1

仿真具体参数如下。

(1) 运载火箭的初始位置在地心惯性系下分量：X=5.5236 ×10^6m，Y=0m，Z=3.1891×10^6m；

(2) 运载火箭的初始速度在地心惯性系下分量：v_x=0m/s，v_y=402.79m/s，v_z=0m/s；

(3) 对于多级火箭，载荷质量为 4000kg，各级质量及推力参数如表 5-3 所示。

表 5-3　多级火箭质量与推力参数

	助推级	芯一级	芯二级
单级数量	4	1	1
单级质量/kg	29000	104400	29400
燃料质量/kg	25500	95600	25800
发动机推力/N	942800	1086000	196000
发动机比冲/s	282.8	301.2	542.3
标准工作时间/s	75	260	700

原有任务的目标轨道根数为：a=24400km，e=0.72，i=30°，Ω =270°，ω =130°，真近点角 f =0°。火箭点火起飞后，正常情况下会按照预先设计好的标称弹道飞行。

选取 t =150s 作为异常状况发生点，此时也是弹道重规划的任务起始点。根据表 5-3 的有关参数可知，当 t =150s 时，运载火箭已完成助推级分离，正处于芯一级工作阶段。之后的过程包括芯一级剩余工作阶段、一二级分离、芯二级工作阶段。假设推力偏差情况下发动机比冲不变，剩余燃料仍能充分燃烧，级间正常分离并且芯二级能够完全正常工作如图 5-6 所示。

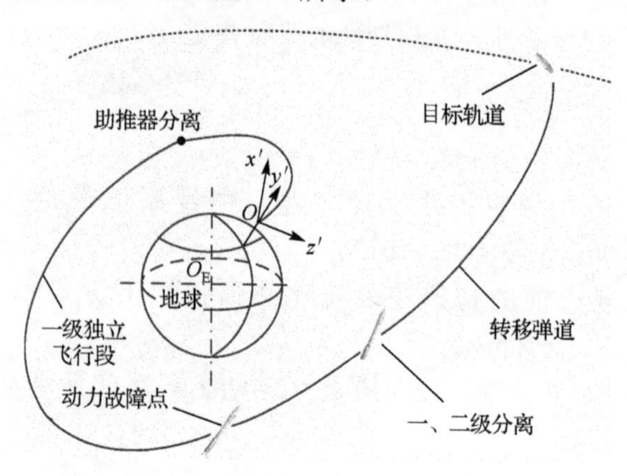

图 5-6　自适应调整入轨——离线仿真案例 1

当推力下降 10%时，依据火箭的入轨能力评估(处于任务 A 区)，结合当前的剩余燃料和目标轨道根数要求，考虑飞行约束情况，火箭可以通过自适应调整实现飞行任务。自适应调整后的飞行控制诸元保持不变。

运载火箭通过自适应调整实现入轨，整个过程中的飞行高度以及地心惯性坐标系中的位移分量变化如图 5-7 所示，其中虚线为原任务情况，实线为自适应调整后的变化情况。

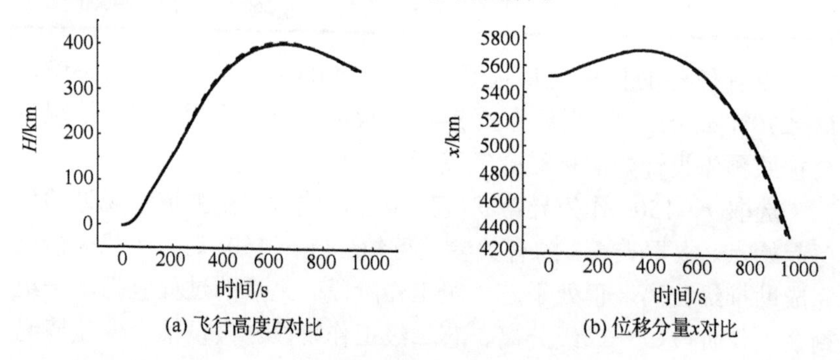

(a) 飞行高度H对比　　(b) 位移分量x对比

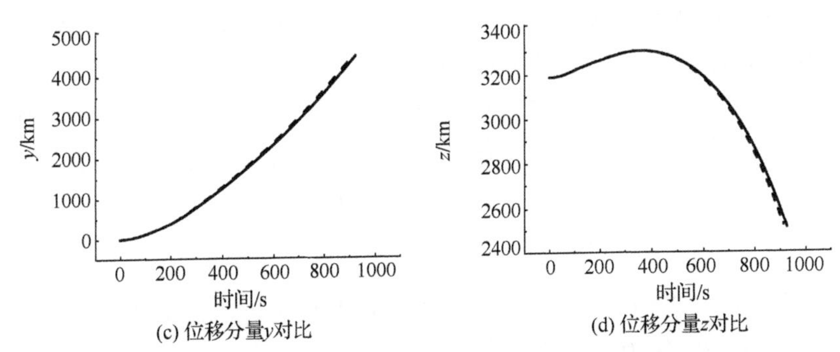

(c) 位移分量y对比　(d) 位移分量z对比

图 5-7　离线案例 1：飞行高度与位移分量(地心惯性坐标系)对比

在主动段飞行过程中，运载火箭在推力作用下持续加速运动。整个过程中速度大小以及地心惯性坐标系中的速度分量变化如图 5-8 所示。

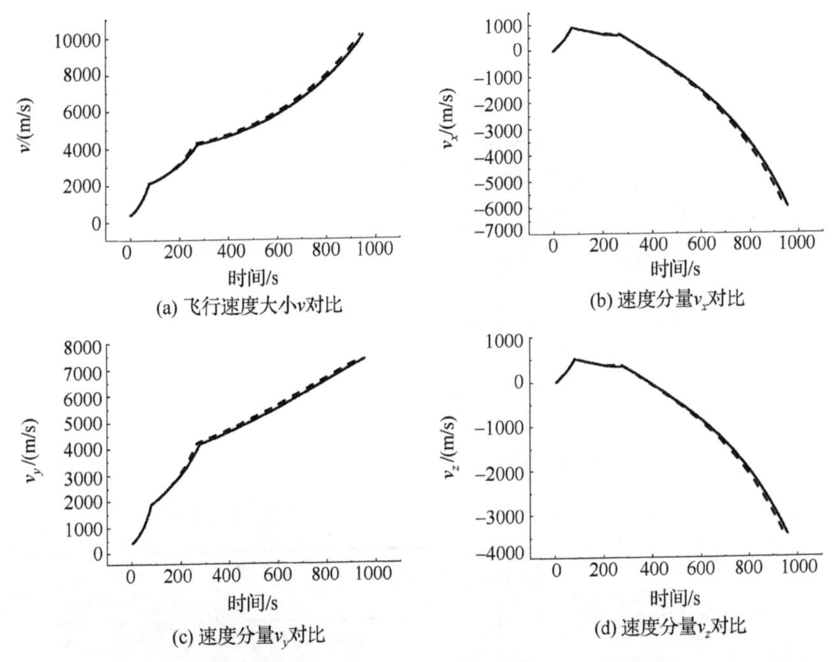

(a) 飞行速度大小v对比　(b) 速度分量v_x对比

(c) 速度分量v_y对比　(d) 速度分量v_z对比

图 5-8　离线案例 1：飞行速度大小与速度分量(地心惯性坐标系)对比

自适应调整入轨的目标轨道根数为：a=24400km，e=0.72，i=30.0°，Ω=270.0°，ω=130.0°。通过仿真可以验证，当处于 A 区时，任务决策等级可到达原来的目标轨道，即半长轴、偏心率、轨道倾角、升交点赤经、近地点幅角五个终端约束均能满足原有要求。采用自适应调整就可以将载荷送入目标轨道。

2. 离线仿真案例 2

选取与离线仿真案例 1 相同的运载火箭参数和目标轨道约束，选取 t =150s 作为异常状况发生点。当推力下降 25%时，依据火箭的入轨能力评估(处于任务 B 区)，结合当前的剩余燃料和目标轨道根数要求，考虑飞行约束情况，重新规划出飞行弹道，并生成相应的制导指令和控制诸元，从而实现具体的飞行任务，如图 5-9 所示。

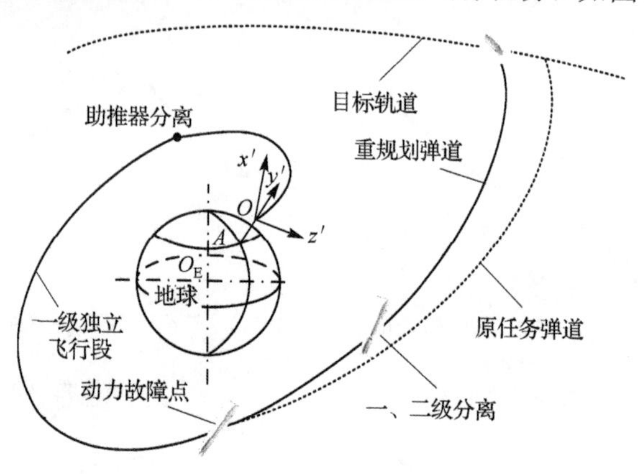

图 5-9　弹道重规划入轨——离线仿真案例 2

重新规划后形成的飞行控制诸元如表 5-4 所示。

表 5-4　离线重规划诸元装订——仿真案例 2

一、二级分离时间	297.87s
一、二级分离速度	4333.26m/s
二级关机时间	1003.66s
二级关机速度	10095.66m/s

续表

程序角序列	U_x	U_y	U_z
150s	0.4975	0.8186	0.2871
155s	0.4809	0.8314	0.2776
…	…	…	…
1000s	−0.7233	0.5499	−0.4176
1003s	−0.7291	0.5397	−0.4209

根据离线弹道重规划设计，重新装订飞行器的程序角指令，与原有程序角对比如图 5-10 所示。其中，虚线为原标称弹道程序角指令参数，实线为重规划弹道重新装订的程序角指令。与原标称弹道的程序角指令对比，重规划任务的程序角变化范围不大，可以满足姿态控制的约束条件，从而保证规划问题收敛。

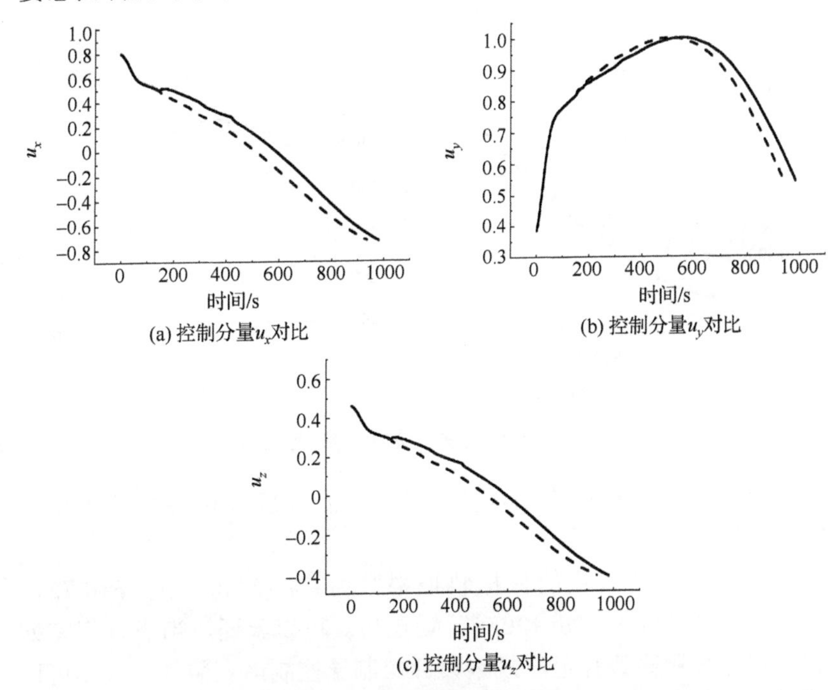

图 5-10　离线案例 2：控制分量(地心惯性坐标系)对比

通过仿真可以验证，当处于 B 区时，任务决策等级依然可以到达原来的目标轨道。推力下降时完成目标的飞行用时会有所增加。运载火箭通过弹道重规划实现入轨，整个过程中的飞行高度以及地心惯性坐标系中的位移分量变化如图 5-11 所示，其中，虚线为原任务情况，实线为自适应调整后的变化情况。根据仿真结果可以看出，推力下降时完成目标的飞行用时会有所增加。

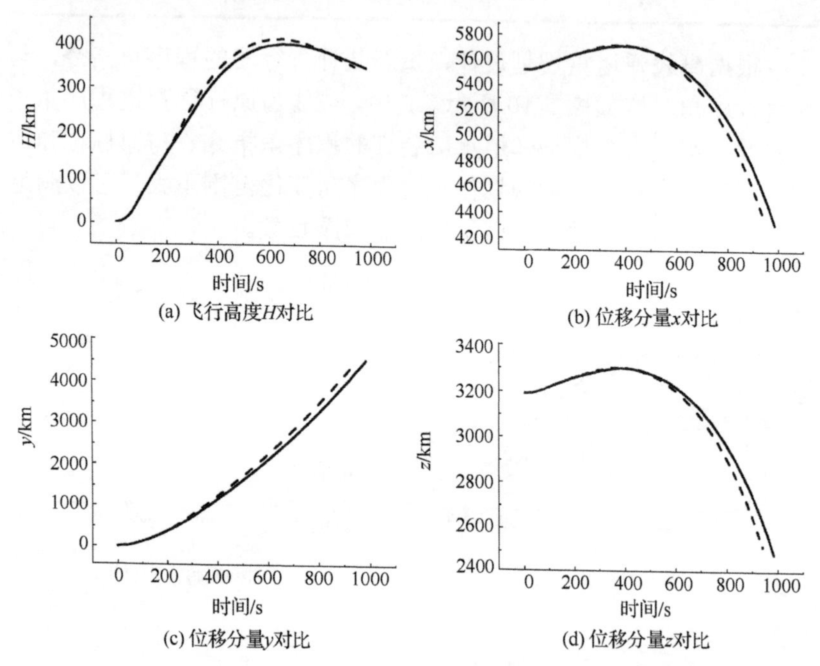

图 5-11　离线案例 2：飞行高度与位移分量(地心惯性坐标系)对比

经过弹道重规划的飞行器速度大小及速度分量与原任务弹道的对比如图 5-12 所示。

弹道重规划入轨的目标轨道根数为：a=24400km，e=0.72，i=30.0°，Ω=270.0°，ω=130.0°。通过仿真可以验证，当飞行偏差处在 B 区，采用离线弹道重规划设计与制导控制诸元装订，依然可以将载荷送入预定轨道。

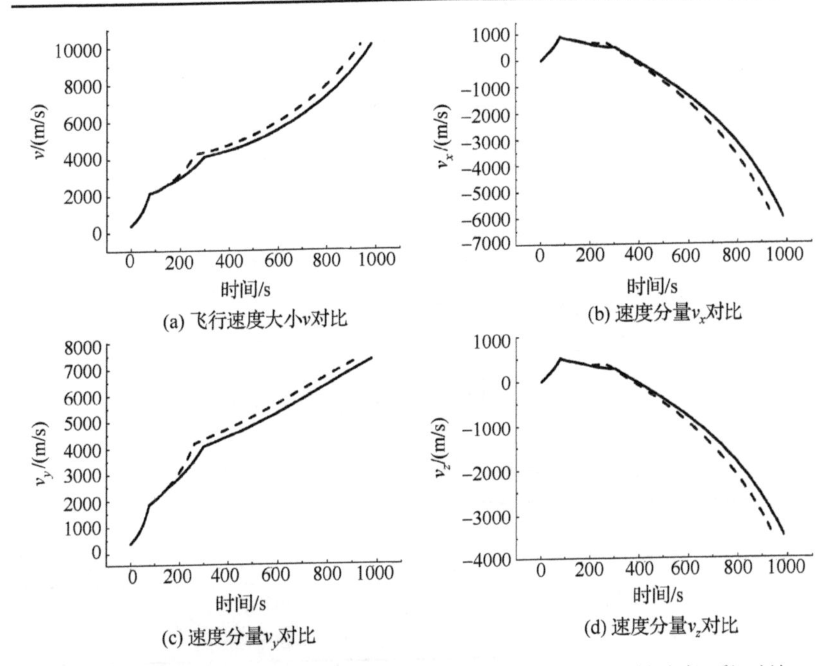

图 5-12　离线案例 2：飞行速度大小与速度分量(地心惯性坐标系)对比

3. 离线仿真案例 3

选取与离线仿真案例 1、2 相同的运载火箭参数和目标轨道约束，选取 t=150s 作为异常状况发生点，当推力下降 40%时，依据火箭的入轨能力评估(处于任务 C 区)，火箭无法到达目标轨道。考虑飞行约束情况，切换到任务降级入轨模式，并生成相应的制导指令和控制诸元如图 5-13 所示。

任务降级重新规划后形成的飞行控制诸元如表 5-5 所示。

采用离线弹道规划完成任务降级设计，重新规划降级飞行的程序角指令，与原有程序角对比如图 5-14 所示。其中，虚线为原标称弹道程序角指令参数，实线为重规划弹道重新装订的程序角指令。相较于标称弹道，重规划任务的程序角变化范围不大，可以满足姿态控制的约束条件，从而保证规划问题收敛。

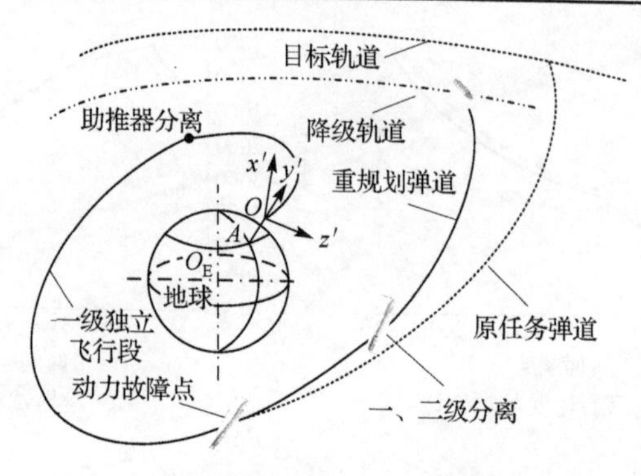

图 5-13　弹道重规划任务降级——离线仿真案例 3

表 5-5　离线重规划诸元装订——仿真案例 3

一、二级分离时间	334.73s		
一、二级分离速度	4322.96m/s		
二级关机时间	1029.52s		
二级关机速度	10095.72m/s		
程序角序列	U_x	U_y	U_z
150s	0.4975	0.8186	0.2871
155s	0.4809	0.8314	0.2776
…	…	…	…
1025s	−0.7233	0.5499	−0.4176
1029s	−0.7291	0.5397	−0.4209

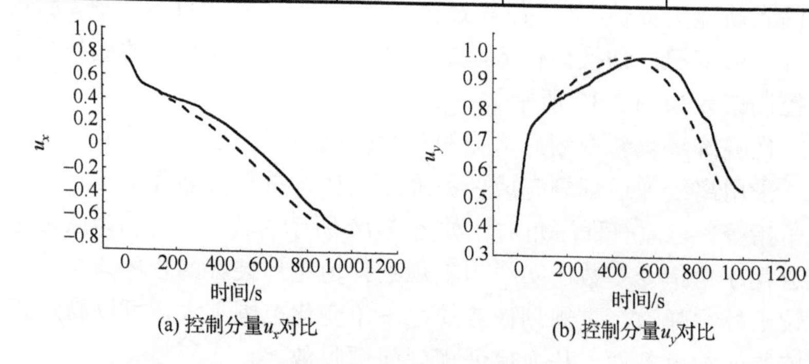

(a) 控制分量u_x对比　　(b) 控制分量u_y对比

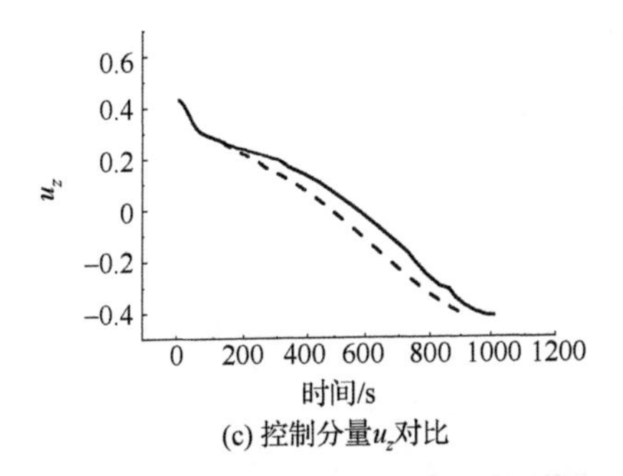

(c) 控制分量u_z对比

图 5-14　离线案例 3：控制变量(地心惯性坐标系)对比

通过仿真可以验证，当处于 C 区时，无法达到满足原定的任务目标轨道，通过弹道重规划进入降级轨道，整个过程中的飞行高度以及地心惯性坐标系中的位移分量变化如图 5-15 所示，其中，虚线为原任务情况，实线为自适应调整后的变化情况。

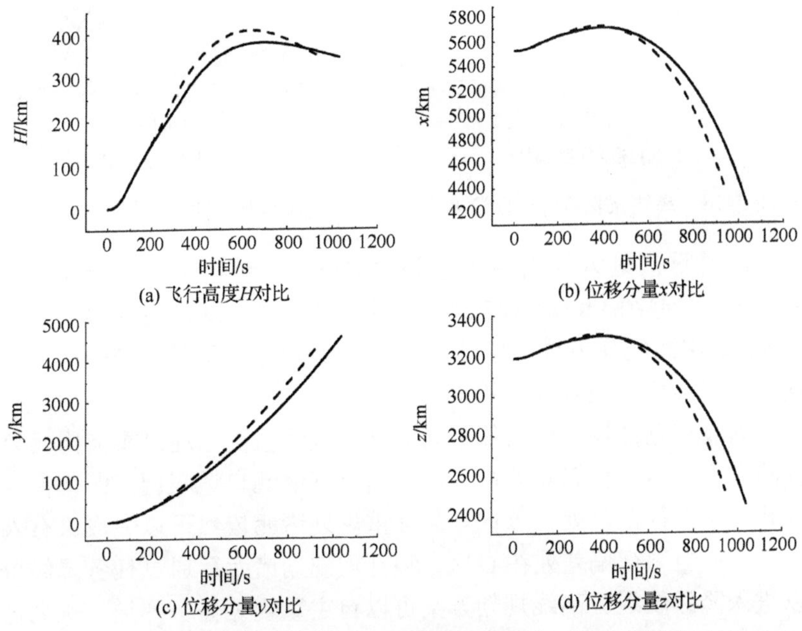

(a) 飞行高度H对比　(b) 位移分量x对比
(c) 位移分量y对比　(d) 位移分量z对比

图 5-15　离线案例 3：飞行高度与位移分量(地心惯性坐标系)对比

经过任务降级重规划设计的飞行器速度大小、分量与原任务弹道的对比如图 5-16 所示。

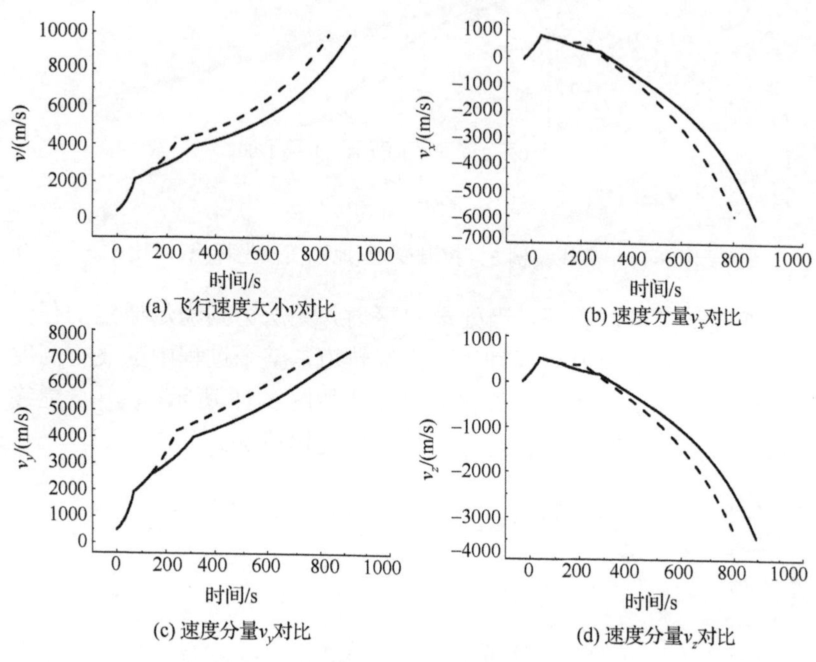

(a) 飞行速度大小v对比

(b) 速度分量v_x对比

(c) 速度分量v_y对比

(d) 速度分量v_z对比

图 5-16 离线案例 3：飞行速度大小与速度分量(地心惯性坐标系)对比

弹道重规划入轨的目标轨道根数为：a=24400km，e=0.72，i=30.0°，Ω=270.1°，ω=125.5°。通过仿真可以验证，飞行偏差处在 C 区，采用离线弹道重规划设计任务降级轨道，规划过程安全可靠，规划所得最优弹道是收敛的。

离线规划能够适应箭体不同的推力故障情况。通过事前诸元装订的方式，当飞行偏差处在 A 区，用原有诸元自适应调整即可完成入轨；当飞行偏差处在 B 区，装订重规划诸元依然可以完成原有入轨任务；当飞行偏差处在 C 区，装订重规划诸元后通过任务降级可以进入降级轨道。离线规划方案可以自主重规划任务弹道，规划过程安全可靠，规划所得最优弹道是唯一且收敛的。

5.3　在线弹道规划技术

5.3.1　在线规划设计

采用在线规划方法实现随机状态下实时动态轨道也是一种有效途径，需要综合利用 5.1 节图 5-5 中的任务分区，确定 A、B、C、D 不同区域的策略。结合实时飞行信息，采用最优在线轨道规划控制技术实现快速机动规划，动态处理飞行过程约束，保证在线规划问题有解并收敛，实现最优问题在线求解。

在线弹道规划需要对现有的优化问题进行改进。在发生故障时，弹道自主规划系统需自主切换问题的性能指标，根据当前状态与目标状态，考虑推力、燃料、目标轨道参数等约束，快速完成新的弹道规划任务。

1. 在线弹道重规划 B 区方案

航天器入轨任务中，由于圆轨道在相位调整方面较为方便，目前绝大部分载荷的入轨目标轨道都是采用圆轨道。本书以圆轨道作为目标轨道，完成在线弹道重规划问题描述。在目标轨道为圆轨道的降级轨道自主规划方案设计中，需要简化控制问题模型，完成优化问题的设计。

终端目标轨道的约束集合可以根据第 2 章的特征轨道参数进行分析，由式(2-28)确定终端轨道的动量矩约束：

$$\boldsymbol{H}=\boldsymbol{r}(t_{\mathrm{f}})\times\boldsymbol{v}(t_{\mathrm{f}})=r(t_{\mathrm{f}})v(t_{\mathrm{f}})\begin{bmatrix}\sin[\Omega(t_{\mathrm{f}})]\sin[i(t_{\mathrm{f}})]\\-\cos[\Omega(t_{\mathrm{f}})]\sin[i(t_{\mathrm{f}})]\\\cos[i(t_{\mathrm{f}})]\end{bmatrix}\tag{5-116}$$

由式(2-33)确定终端轨道的积分矢量约束：

$$\boldsymbol{C}=\boldsymbol{v}(t_{\mathrm{f}})\times\boldsymbol{r}(t_{\mathrm{f}})\times\boldsymbol{v}(t_{\mathrm{f}})-\frac{\mu}{r(t_{\mathrm{f}})}\boldsymbol{r}(t_{\mathrm{f}})\tag{5-117}$$

由式(2-45)确定终端轨道的机械能约束：

$$E = \frac{1}{2}[v(t_{\mathrm{f}})]^2 - \frac{\mu}{r(t_{\mathrm{f}})} = -\frac{\mu}{2a} \tag{5-118}$$

其中，a 表示目标轨道的半长轴(圆轨道为任务目标轨道半径)。

在线弹道重规划 B 区方案的终端约束为满足任务需求的圆轨道，即

$$\left\|\boldsymbol{r}(t_{\mathrm{f}})\right\| = r_{\mathrm{set}} \in \mathbf{R} \tag{5-119}$$

其中，r_{set} 为设定的满足任务需求的轨道半径大小。

为保证入轨后仍具有一定的机动能力，应当保证轨道转移过程中消耗的燃料最少。

为了保证燃料消耗满足要求，终端质量需要大于预先设定的质量下界：

$$m(t_{\mathrm{f}}) \geqslant m_{\mathrm{low}} \tag{5-120}$$

位置和速度矢量均在轨道面内，因此满足

$$\boldsymbol{r}^{\mathrm{T}}(t_{\mathrm{f}})\boldsymbol{h} = 0 \tag{5-121}$$

$$\boldsymbol{v}^{\mathrm{T}}(t_{\mathrm{f}})\boldsymbol{h} = 0 \tag{5-122}$$

根据圆轨道能量常量，进入轨道的终端能量条件可以表示为

$$\left\|\boldsymbol{r}(t_{\mathrm{f}})\right\|\left\|\boldsymbol{v}(t_{\mathrm{f}})\right\|^2 = \mu \tag{5-123}$$

由于圆轨道上的位移矢量与速度矢量相互垂直，因此有

$$\boldsymbol{r}^{\mathrm{T}}(t_{\mathrm{f}})\boldsymbol{v}(t_{\mathrm{f}}) = 0 \tag{5-124}$$

当忽略空气动力的影响时，状态方程选用式(2-20)的形式。根据控制理论对这一问题进行求解时，将其建模为一个最优控制问题：

$$\min \quad J = -m(t_f)$$

$$\text{s.t.} \quad \dot{\boldsymbol{r}} = \boldsymbol{v}$$

$$\dot{\boldsymbol{v}} = \boldsymbol{g} + \frac{\boldsymbol{T}}{m}$$

$$
\begin{aligned}
&\dot{m}=-\frac{\|\boldsymbol{T}(t)\|}{I_{\mathrm{sp}}g_0}\\
&\boldsymbol{s}(t_0)=\boldsymbol{s}_0\in\mathbf{R}^7,\ \boldsymbol{s}_0=[\boldsymbol{r}_0^{\mathrm{T}},\boldsymbol{v}_0^{\mathrm{T}},m]^{\mathrm{T}}\\
&\|\boldsymbol{r}(t_{\mathrm{f}})\|=r_{\mathrm{set}}\in\mathbf{R}\\
&\boldsymbol{r}^{\mathrm{T}}(t_{\mathrm{f}})\boldsymbol{h}=0,\boldsymbol{v}^{\mathrm{T}}(t_{\mathrm{f}})\boldsymbol{h}=0\\
&\boldsymbol{r}^{\mathrm{T}}(t_{\mathrm{f}})\boldsymbol{v}(t_{\mathrm{f}})=0\\
&\|\boldsymbol{r}(t_{\mathrm{f}})\|\|\boldsymbol{v}(t_{\mathrm{f}})\|^2=\mu\\
&0\leqslant\|\boldsymbol{T}(t)\|\leqslant T_{\max},\ \boldsymbol{m}(t_{\mathrm{f}})\geqslant\boldsymbol{m}_{\mathrm{low}}
\end{aligned}
\tag{5-125}
$$

2. 在线弹道重规划 *C* 区方案

发生动力故障后，如果运载能力不足以完成原定入轨任务，则选择一个降级轨道入轨，要求该降级轨道尽量靠近原轨道。通常情况下，降级轨道可以选择为一个圆轨道，力保轨道半长轴最大，使其作为完成最终任务的过渡轨道。

降级轨道设计思路是尽可能保证靠近原目标轨道的次优轨道设计。为了在弹道规划设计中执行这一策略，可将性能指标函数选取为

$$
\min J=\varGamma_r\cdot\left\|\frac{\boldsymbol{r}(t_{\mathrm{f}})}{\boldsymbol{r}_{\mathrm{f}}}-\mathbf{1}_{3\times1}\right\|+\varGamma_v\cdot\left\|\frac{\boldsymbol{v}(t_{\mathrm{f}})}{\boldsymbol{v}_{\mathrm{f}}}-\mathbf{1}_{3\times1}\right\|
\tag{5-126}
$$

式中，$\varGamma_r$、$\varGamma_v$ 分别表示终端位移偏差与速度偏差的系数。这一性能指标的物理含义是，令终端状态与目标点状态以等比例形式靠近，保证降级规划的终端位移、速度接近原任务目标轨道的终端飞行状态。采用该性能指标可在一定程度上保证与原目标轨道尽可能小的转移范围，以便于航天器后续的轨道机动调整。

为了在弹道自主规划设计中执行这一策略，并考虑到优化问题对性能指标函数的要求，在动力故障发生后，选择式(5-126)作为性能指标函数。根据控制理论对这一问题进行求解时，将其建模为一个最优控制问题：

$$\begin{aligned}
&\min \ J = \Gamma_r \cdot \left\| \frac{\boldsymbol{r}(t_{\mathrm{f}})}{\boldsymbol{r}_{\mathrm{f}}} - \mathbf{1}_{3\times1} \right\| + \Gamma_v \cdot \left\| \frac{\boldsymbol{v}(t_{\mathrm{f}})}{\boldsymbol{v}_{\mathrm{f}}} - \mathbf{1}_{3\times1} \right\| \\
&\text{s.t.} \ \ \dot{\boldsymbol{r}} = \boldsymbol{v} \\
&\qquad \dot{\boldsymbol{v}} = \boldsymbol{g} + \frac{\boldsymbol{T}}{m} \\
&\qquad \dot{m} = -\frac{\|\boldsymbol{T}(t)\|}{I_{\mathrm{sp}} g_0} \\
&\qquad \boldsymbol{s}(t_0) = \boldsymbol{s}_0 \in \mathbf{R}^7,\ \boldsymbol{s}_0 = [\boldsymbol{r}_0^{\mathrm{T}}, \boldsymbol{v}_0^{\mathrm{T}}, m]^{\mathrm{T}} \\
&\qquad \boldsymbol{r}^{\mathrm{T}}(t_{\mathrm{f}})\boldsymbol{h} = 0, \boldsymbol{v}^{\mathrm{T}}(t_{\mathrm{f}})\boldsymbol{h} = 0 \\
&\qquad \boldsymbol{r}^{\mathrm{T}}(t_{\mathrm{f}})\boldsymbol{v}(t_{\mathrm{f}}) = 0 \\
&\qquad \|\boldsymbol{r}(t_{\mathrm{f}})\| \|\boldsymbol{v}(t_{\mathrm{f}})\|^2 = \mu \\
&\qquad 0 \leqslant \|\boldsymbol{T}(t)\| \leqslant T_{\max},\ m(t_f) \geqslant m_{\mathrm{low}}
\end{aligned} \tag{5-127}$$

5.3.2　凸优化问题基本概念

首先有必要给出凸优化理论中凸函数与仿射的定义。

凸函数：定义在非空凸集上的函数 $f: C \subset \mathbf{R}^n \to \mathbf{R}$，若对于 $\forall x, y \in C$ 及 $\lambda \in [0,1]$ 有下式成立：

$$f[\lambda x + (1-\lambda) y] \leqslant \lambda f(x) + (1-\lambda) f(y) \tag{5-128}$$

则函数 $f: C \subset \mathbf{R}^n \to \mathbf{R}$ 称为非凸函数。

仿射：若对于集合 C 中的任意两点 x、y 和任意实数 $\lambda \in \mathbf{R}$，满足

$$\lambda x + (1-\lambda) y \in C \tag{5-129}$$

称集合 C 是仿射的，即通过集合 C 中任意两点的直线仍在集合 C 中。

对于一个 NLP 问题：

$$\begin{aligned}
&\min \ f(\boldsymbol{x}) \\
&\text{s.t.} \ \ c_i(\boldsymbol{x}) = 0 \qquad i = 1, 2, \cdots, m \\
&\qquad\ c_j(\boldsymbol{x}) \leqslant 0 \qquad j = m+1, m+2, \cdots, n, m \leqslant n
\end{aligned} \tag{5-130}$$

其中，$\boldsymbol{x} \in \mathbf{R}^n$ 为决策变量，$f(\boldsymbol{x}): \mathbf{R}^n \to \mathbf{R}$ 为性能指标函数，

$c_i(\boldsymbol{x}):\mathbf{R}^n \to \mathbf{R}$ 为等式约束函数，$c_j(\boldsymbol{x}):\mathbf{R}^n \to \mathbf{R}$ 为不等式约束函数。

若满足：①性能指标函数 $f(\boldsymbol{x})$ 和不等式约束函数 $c_j(\boldsymbol{x})$ 为凸函数；②等式约束函数 $c_i(\boldsymbol{x})$ 是仿射函数，称 NLP 问题(5-130)为凸优化问题。

二阶锥优化问题是一种特殊的凸优化问题，当一个 NLP 问题：

$$\begin{aligned} \min \quad & \boldsymbol{c}^{\mathrm{T}}\boldsymbol{x} \\ \text{s.t.} \quad & \boldsymbol{A}\boldsymbol{x}=\boldsymbol{b} \\ & \boldsymbol{x}\in\boldsymbol{K} \end{aligned} \tag{5-131}$$

式中，$\boldsymbol{A}\in\mathbf{R}^{m\times n}, m\leqslant n$ 且满足 $\operatorname{rank}(\boldsymbol{A})=n$，$\boldsymbol{c}\in\mathbf{R}^n$，$\boldsymbol{b}\in\mathbf{R}^m$，$\boldsymbol{K}$ 为线性锥、二次锥和旋转二次锥的组合，称 NLP 问题式(5-131)为二阶锥优化问题。

线性锥、二次锥和旋转二次锥的定义如下。

线性锥：$K_{\mathrm{L}}=\left\{\boldsymbol{x}\in\mathbf{R}:\boldsymbol{x}\geqslant 0\right\}$

二次锥：$K_{\mathrm{Q}}=\left\{\boldsymbol{x}\in\mathbf{R}^n:x_n\geqslant\sqrt{x_1^2+\cdots+x_{n-1}^2},x_n\geqslant 0\right\}$

旋转二次锥：$K_{\mathrm{R}}=\left\{\boldsymbol{x}\in\mathbf{R}^n:\sqrt{2x_nx_{n-1}}\geqslant\sqrt{x_1^2+\cdots+x_{n-2}^2},x_n,x_{n-1}\geqslant 0\right\}$

二阶锥优化问题研究理论成熟，可以通过原始-对偶内点法高效可靠地完成问题求解。

5.3.3　变量替换与松弛处理

运用凸优化技术的前提是正确判别问题是否属于凸优化问题，以及按照严格凸优化规则对问题进行正确合适的凸优化表述。由于凸优化理论和方法对等式约束要求为凸函数，而轨迹优化问题中动力学方程存在强非线性项，在轨迹优化问题的研究中可将其进行近似处理。

将原始问题转化为具有线性性能指标、凸等式约束、凸不等式约束的标准凸优化问题。凸优化求解需要对模型中的非凸因素进行处理，具体内容如下。

(1) 优化问题动力学方程中存在不易于凸优化方法求解的状态方程，重新构建原有问题的控制变量，使其转化为易于凸优化方法求解的形式。

飞行器的推力加速度为

$$\boldsymbol{a}_{\mathrm{T}}(t)=\frac{\boldsymbol{T}(t)}{m(t)} \tag{5-132}$$

推力加速度的幅值为

$$w(t)=a_{\mathrm{T}}(t)=\frac{T(t)}{m(t)} \tag{5-133}$$

选择飞行器的位移、速度、质量作为状态变量 $\boldsymbol{x}=[r_x, r_y, r_z, v_x, v_y\ v_z, m]^{\mathrm{T}}$，推力加速度的分量与幅值作为控制变量 $\boldsymbol{u}=[a_{Tx}, a_{Ty}, a_{Tz}, w]^{\mathrm{T}}$，运动状态方程可以转换为

$$\begin{cases}\dfrac{\mathrm{d}\boldsymbol{r}(t)}{\mathrm{d}t}=\boldsymbol{v}(t)\\ \dfrac{\mathrm{d}\boldsymbol{v}(t)}{\mathrm{d}t}=-\dfrac{\mu}{[r(t)]^3}\boldsymbol{r}(t)+\boldsymbol{a}_{\mathrm{T}}(t)\\ \dfrac{\mathrm{d}m(t)}{\mathrm{d}t}=-\dfrac{1}{I_{\mathrm{sp}}g_0}m(t)\cdot w(t)\end{cases} \tag{5-134}$$

(2) 在整个转移过程中航天器质量是线性时变的(在每个迭代周期内认为质量为常量)，但状态方程含有质量导数项为非凸函数，需要进行变量变换。

采用变量代换设计，令

$$z(t)=\ln[m(t)] \tag{5-135}$$

则有

$$\dot{z}(t)=\frac{\dot{m}(t)}{m(t)} \tag{5-136}$$

选择飞行器的位移、速度、质量变换量作为状态变量 $\boldsymbol{x}=[r_x, r_y, r_z, v_x, v_y, v_z, z]^{\mathrm{T}}$，运动状态方程(5-134)可以转换为

$$\begin{cases}\dfrac{\mathrm{d}\boldsymbol{r}(t)}{\mathrm{d}t}=\boldsymbol{v}(t)\\ \dfrac{\mathrm{d}\boldsymbol{v}(t)}{\mathrm{d}t}=-\dfrac{\mu}{[r(t)]^3}\boldsymbol{r}(t)+\boldsymbol{a}_{\mathrm{T}}(t)\\ \dfrac{\mathrm{d}z(t)}{\mathrm{d}t}=\dfrac{1}{m(t)}\dfrac{\mathrm{d}m(t)}{\mathrm{d}t}=-\dfrac{1}{I_{\mathrm{sp}}g_0}w(t)\end{cases} \tag{5-137}$$

(3) 飞行器的推力采用有限推力形式，存在推力上下边界。对于推力大小约束方程，将其右端进行一阶 Taylor 展开，近似缩小为凸集约束。

在轨迹重规划问题中，通常发动机的推力大小不可调节。推力加速度的幅值约束可以表示为

$$w(t)\leqslant\frac{T_{\mathrm{const}}}{m(t)}=T_{\mathrm{const}}\mathrm{e}^{-z(t)} \tag{5-138}$$

对 $T_{\mathrm{const}}\mathrm{e}^{-z(t)}$ 关于 $z_0(t)$ 进行 Taylor 展开并保留线性项可得

$$0\leqslant w(t)\leqslant T_{\mathrm{const}}\mathrm{e}^{-z(t)}[1-z(t)+z_0(t)] \tag{5-139}$$

由于飞行器的终端质量具有下限 m_{d}，因此有

$$z(t_{\mathrm{f}})\geqslant\ln(m_{\mathrm{d}}) \tag{5-140}$$

上述条件构成的约束方程满足二阶锥约束，可以使用凸规划方法快速求解。

(4) 飞行器的终端条件包含轨道半长轴、动量矩、积分矢量等多种等式约束，可以通过一阶 Taylor 展开，近似缩小为凸集约束。

对 $\boldsymbol{r}_{\mathrm{f}}$ 进行 Taylor 展开并保留线性项可得

$$\boldsymbol{r}_{\mathrm{f}}^{\mathrm{T}}\boldsymbol{r}(t_{\mathrm{f}})=r_{\mathrm{f}}^2 \tag{5-141}$$

入轨任务顺利完成后，位置和速度矢量均在轨道面内，因此根据轨道特征方程(2-28)可知目标轨道的终端条件满足

$$\boldsymbol{H}(t_{\mathrm{f}})=\boldsymbol{r}(t_{\mathrm{f}})\times\boldsymbol{v}(t_{\mathrm{f}})=\boldsymbol{H}_{\mathrm{f}} \tag{5-142}$$

目标轨道上的轨道特征参数 $\boldsymbol{H}_{\mathrm{f}}$、$\boldsymbol{r}_{\mathrm{f}}$、$\boldsymbol{v}_{\mathrm{f}}$ 可根据任务目标确定。转移轨道的动量矩由目标轨道特征点进行 Taylor 展开并保留线性近似确定：

$$\boldsymbol{H}=\begin{bmatrix} r_y v_z - r_z v_y \\ r_z v_x - r_x v_z \\ r_x v_y - r_y v_x \end{bmatrix}=\boldsymbol{H}_{\mathrm{f}}+\boldsymbol{D}_{Hr}(\boldsymbol{r}-\boldsymbol{r}_{\mathrm{f}})+\boldsymbol{D}_{Hv}(\boldsymbol{v}-\boldsymbol{v}_{\mathrm{f}}) \tag{5-143}$$

其中，

$$\boldsymbol{D}_{Hr}=\left.\frac{\partial \boldsymbol{H}}{\partial \boldsymbol{r}}\right|_{\boldsymbol{r}=\boldsymbol{r}_{\mathrm{f}}}=\begin{bmatrix}\left.\dfrac{\partial \boldsymbol{H}}{\partial r_x}\right|_{\boldsymbol{r}=\boldsymbol{r}_{\mathrm{f}}} & \left.\dfrac{\partial \boldsymbol{H}}{\partial r_y}\right|_{\boldsymbol{r}=\boldsymbol{r}_{\mathrm{f}}} & \left.\dfrac{\partial \boldsymbol{H}}{\partial r_z}\right|_{\boldsymbol{r}=\boldsymbol{r}_{\mathrm{f}}}\end{bmatrix}$$

$$=\begin{bmatrix} 0 & v_{\mathrm{f}z} & -v_{\mathrm{f}y} \\ -v_{\mathrm{f}z} & 0 & v_{\mathrm{f}x} \\ v_{\mathrm{f}y} & -v_{\mathrm{f}x} & 0 \end{bmatrix}$$

$$\boldsymbol{D}_{Hv}=\left.\frac{\partial \boldsymbol{H}}{\partial \boldsymbol{v}}\right|_{\boldsymbol{v}=\boldsymbol{v}_{\mathrm{f}}}=\begin{bmatrix}\left.\dfrac{\partial \boldsymbol{H}}{\partial v_x}\right|_{\boldsymbol{v}=\boldsymbol{v}_{\mathrm{f}}} & \left.\dfrac{\partial \boldsymbol{H}}{\partial v_y}\right|_{\boldsymbol{v}=\boldsymbol{v}_{\mathrm{f}}} & \left.\dfrac{\partial \boldsymbol{H}}{\partial v_z}\right|_{\boldsymbol{v}=\boldsymbol{v}_{\mathrm{f}}}\end{bmatrix}$$

$$=\begin{bmatrix} 0 & -r_{\mathrm{f}z} & r_{\mathrm{f}y} \\ r_{\mathrm{f}z} & 0 & -r_{\mathrm{f}x} \\ -r_{\mathrm{f}y} & r_{\mathrm{f}x} & 0 \end{bmatrix}$$

同理，根据轨道积分矢量特征方程(2-33)可知目标轨道的终端条件满足

$$\boldsymbol{C}(t_{\mathrm{f}})=\boldsymbol{v}(t_{\mathrm{f}})\times\boldsymbol{H}(t_{\mathrm{f}})-\frac{\mu}{r(t_{\mathrm{f}})}\boldsymbol{r}(t_{\mathrm{f}})=\boldsymbol{C}_{\mathrm{f}} \tag{5-144}$$

目标轨道上的轨道特征参数 $\boldsymbol{C}_{\mathrm{f}}$ 可根据任务目标确定。转移轨道的积分矢量由目标轨道特征点进行 Taylor 展开并保留线性近似确定：

$$
\boldsymbol{C}=\begin{bmatrix} v_y(r_x v_y - r_y v_x)+v_z(r_x v_z - r_z v_x)-\dfrac{\mu r_x}{r} \\ v_z(r_y v_z - r_z v_y)+v_x(r_y v_x - r_x v_y)-\dfrac{\mu r_y}{r} \\ v_x(r_z v_x - r_x v_z)+v_y(r_z v_y - r_y v_z)-\dfrac{\mu r_z}{r} \end{bmatrix} = \boldsymbol{C}_{\mathrm{f}}+\boldsymbol{D}_{Cr}(\boldsymbol{r}-\boldsymbol{r}_{\mathrm{f}})+\boldsymbol{D}_{Cv}(\boldsymbol{v}-\boldsymbol{v}_{\mathrm{f}})=0 \tag{5-145}
$$

其中，

$$
\boldsymbol{D}_{Cr}=\left.\frac{\partial \boldsymbol{C}}{\partial \boldsymbol{r}}\right|_{\boldsymbol{r}=\boldsymbol{r}_{\mathrm{f}}}=\begin{bmatrix}\left.\dfrac{\partial \boldsymbol{C}}{\partial r_x}\right|_{\boldsymbol{r}=\boldsymbol{r}_{\mathrm{f}}} & \left.\dfrac{\partial \boldsymbol{C}}{\partial r_y}\right|_{\boldsymbol{r}=\boldsymbol{r}_{\mathrm{f}}} & \left.\dfrac{\partial \boldsymbol{C}}{\partial r_z}\right|_{\boldsymbol{r}=\boldsymbol{r}_{\mathrm{f}}}\end{bmatrix}
$$

$$
=\begin{bmatrix} v_{\mathrm{fy}}^2+v_{\mathrm{fz}}^2-\dfrac{\mu}{r_{\mathrm{f}}}+\dfrac{\mu r_{\mathrm{fx}}^2}{r_{\mathrm{f}}^3} & \dfrac{\mu r_{\mathrm{fx}} r_{\mathrm{fy}}}{r_{\mathrm{f}}^3}-v_{\mathrm{fx}}v_{\mathrm{fy}} & \dfrac{\mu r_{\mathrm{fx}} r_{\mathrm{fz}}}{r_{\mathrm{f}}^3}-v_{\mathrm{fx}}v_{\mathrm{fz}} \\ \dfrac{\mu r_{\mathrm{fx}} r_{\mathrm{fy}}}{r_{\mathrm{f}}^3}-v_{\mathrm{fx}}v_{\mathrm{fy}} & v_{\mathrm{fx}}^2+v_{\mathrm{fz}}^2-\dfrac{\mu}{r_{\mathrm{f}}}+\dfrac{\mu r_{\mathrm{fy}}^2}{r_{\mathrm{f}}^3} & \dfrac{\mu r_{\mathrm{fy}} r_{\mathrm{fz}}}{r_{\mathrm{f}}^3}-v_{\mathrm{fy}}v_{\mathrm{fz}} \\ \dfrac{\mu r_{\mathrm{fx}} r_{\mathrm{fz}}}{r_{\mathrm{f}}^3}-v_{\mathrm{fx}}v_{\mathrm{fz}} & \dfrac{\mu r_{\mathrm{fy}} r_{\mathrm{fz}}}{r_{\mathrm{f}}^3}-v_{\mathrm{fy}}v_{\mathrm{fz}} & v_{\mathrm{fx}}^2+v_{\mathrm{fy}}^2-\dfrac{\mu}{r_{\mathrm{f}}}+\dfrac{\mu r_{\mathrm{fz}}^2}{r_{\mathrm{f}}^3} \end{bmatrix}
$$

$$
\boldsymbol{D}_{Cv}=\left.\frac{\partial \boldsymbol{C}}{\partial \boldsymbol{v}}\right|_{\boldsymbol{v}=\boldsymbol{v}_{\mathrm{f}}}=\begin{bmatrix}\left.\dfrac{\partial \boldsymbol{C}}{\partial v_x}\right|_{\boldsymbol{v}=\boldsymbol{v}_{\mathrm{f}}} & \left.\dfrac{\partial \boldsymbol{C}}{\partial v_y}\right|_{\boldsymbol{v}=\boldsymbol{v}_{\mathrm{f}}} & \left.\dfrac{\partial \boldsymbol{C}}{\partial v_z}\right|_{\boldsymbol{v}=\boldsymbol{v}_{\mathrm{f}}}\end{bmatrix}
$$

$$
=\begin{bmatrix} -r_{\mathrm{fy}}v_{\mathrm{fy}}-r_{\mathrm{fz}}v_{\mathrm{fz}} & 2r_{\mathrm{fx}}v_{\mathrm{fy}}-r_{\mathrm{fy}}v_{\mathrm{fx}} & 2r_{\mathrm{fx}}v_{\mathrm{fz}}-r_{\mathrm{fz}}v_{\mathrm{fx}} \\ 2r_{\mathrm{fy}}v_{\mathrm{fx}}-r_{\mathrm{fx}}v_{\mathrm{fy}} & -r_{\mathrm{fx}}v_{\mathrm{fx}}-r_{\mathrm{fz}}v_{\mathrm{fz}} & 2r_{\mathrm{fy}}v_{\mathrm{fz}}-r_{\mathrm{fz}}v_{\mathrm{fy}} \\ 2r_{\mathrm{fz}}v_{\mathrm{fx}}-r_{\mathrm{fx}}v_{\mathrm{fz}} & 2r_{\mathrm{fz}}v_{\mathrm{fy}}-r_{\mathrm{fy}}v_{\mathrm{fz}} & -r_{\mathrm{fx}}v_{\mathrm{fx}}-r_{\mathrm{fy}}v_{\mathrm{fy}} \end{bmatrix}
$$

5.3.4　凸优化的问题转化

1. 离散化与归一化处理

凸优化求解中一般不采用积分的表达形式，进行离散化处理转化为矩阵相乘的形式。对于凸化处理后的动力学状态方程(5-137)可以表示为

$$\frac{\mathrm{d}\boldsymbol{x}(t)}{\mathrm{d}t}=\boldsymbol{A}_c\boldsymbol{x}(t)+\boldsymbol{B}_c[\boldsymbol{u}(t)+\boldsymbol{g}(t)] \tag{5-146}$$

其中，

$$\boldsymbol{A}_c=\begin{bmatrix}0_{3\times3} & \boldsymbol{I}_{3\times3} & 0\\ 0_{3\times3} & 0_{3\times3} & 0\\ 0 & 0 & 0\end{bmatrix},\boldsymbol{B}_c=\begin{bmatrix}0_{3\times3} & 0_{3\times1}\\ \boldsymbol{I}_{3\times3} & 0_{3\times1}\\ 0_{1\times3} & -1/I_{\mathrm{sp}}g_0\end{bmatrix},\boldsymbol{g}(t)=[g_x(t),g_y(t),g_z(t),0]^{\mathrm{T}}$$

对动力学状态方程进行离散化处理,采用等时间间隔的离散方式，即 $t_k=k\Delta t$ 。对于 $t\in[t_k,t_{k+1}]$，两个离散点之间的 $\boldsymbol{u}(t)$与 $\boldsymbol{g}(t)$可采用线性插值近似，则动力学方程可以写为

$$\begin{aligned}\frac{\mathrm{d}\boldsymbol{x}(t)}{\mathrm{d}t}&=\boldsymbol{A}_c\boldsymbol{x}(t)+\boldsymbol{B}_c\left[\boldsymbol{u}(t_k)+\frac{\boldsymbol{u}(t_{k+1})-\boldsymbol{u}(t_k)}{\Delta t}(t-t_k)\right]\\&\quad+\boldsymbol{B}_c\left[\boldsymbol{g}(t_k)+\frac{\boldsymbol{g}(t_{k+1})-\boldsymbol{g}(t_k)}{\Delta t}(t-t_k)\right]\end{aligned} \tag{5-147}$$

由此可得到状态转移方程：

$$\boldsymbol{x}(t_{k+1})=\boldsymbol{A}\boldsymbol{x}(t_k)+\boldsymbol{B}[u(t_k)+\boldsymbol{g}(t_k)]+\overline{\boldsymbol{B}}[\boldsymbol{u}(t_{k+1})+\boldsymbol{g}(t_{k+1})] \tag{5-148}$$

其中，

$$\boldsymbol{A}=\mathrm{e}^{A_c\Delta t}=\begin{bmatrix}\boldsymbol{I}_{3\times3} & \boldsymbol{I}_{3\times3}\cdot\Delta t & 0\\ 0_{3\times3} & I_{3\times3} & 0\\ 0 & 0 & 1\end{bmatrix}$$

$$\boldsymbol{B}=\int_0^{\Delta t}\mathrm{e}^{A_c(\Delta t-\tau)}\boldsymbol{B}_c\mathrm{d}\tau-\int_0^{\Delta t}\frac{1}{\Delta t}\mathrm{e}^{A_c(\Delta t-\tau)}\boldsymbol{B}_c\tau\mathrm{d}\tau=\begin{bmatrix}\boldsymbol{I}_{3\times3}\cdot(\Delta t)^2/3 & 0\\ \boldsymbol{I}_{3\times3}\cdot\Delta t/2 & 0\\ 0_{1\times3} & -\Delta t/2I_{\mathrm{sp}}g_0\end{bmatrix}$$

$$\overline{\boldsymbol{B}}=\int_0^{\Delta t}\frac{1}{\Delta t}\mathrm{e}^{A_c(\Delta t-\tau)}\boldsymbol{B}_c\tau\mathrm{d}\tau=\begin{bmatrix}\boldsymbol{I}_{3\times3}\cdot(\Delta t)^2/6 & 0\\ \boldsymbol{I}_{3\times3}\cdot\Delta t/2 & 0\\ 0_{1\times3} & -\Delta t/2I_{\mathrm{sp}}g_0\end{bmatrix}$$

轨迹规划问题离散后的终端等式约束可以表示为

$$\boldsymbol{H}-\boldsymbol{D}_{Hr}\boldsymbol{r}(t_N)-\boldsymbol{D}_{Hv}v(t_N)=\boldsymbol{H}_\mathrm{f}-\boldsymbol{D}_{Hr}\boldsymbol{r}_\mathrm{f}-\boldsymbol{D}_{Hv}\boldsymbol{v}_\mathrm{f} \tag{5-149}$$

$$\boldsymbol{D}_{Cr}\boldsymbol{r}(t_N)+\boldsymbol{D}_{Cv}v(t_N)=-\boldsymbol{L}_\mathrm{f}+\boldsymbol{D}_{Cr}\boldsymbol{r}_\mathrm{f}+\boldsymbol{D}_{Cv}\boldsymbol{v}_\mathrm{f} \tag{5-150}$$

终端质量约束为

$$z(t_N)\geqslant\ln(m_\mathrm{d}) \tag{5-151}$$

控制约束可以表示为

$$\sqrt{u_x^2(t_k)+u_y^2(t_k)+u_z^2(t_k)}=w(t_k) \tag{5-152}$$

$$0\leqslant w(t_k)\leqslant T_{\max}\mathrm{e}^{-z_0(t_k)}[1-(z(t_k)-z_0(t_k))] \tag{5-153}$$

对火箭轨迹规划问题的状态量和控制量进行归一化处理，归一化变换如下：

$$\overline{\boldsymbol{r}}(t)=\boldsymbol{r}(t)/R_\mathrm{e} \tag{5-154}$$

$$\overline{v}(t)=v(t)/\sqrt{R_\mathrm{e}g_\mathrm{e}} \tag{5-155}$$

$$\overline{\boldsymbol{u}}(t)=\boldsymbol{u}(t)/g_\mathrm{e} \tag{5-156}$$

$$\overline{t}=t/\sqrt{R_\mathrm{e}/g_\mathrm{e}} \tag{5-157}$$

其中，R_e地球半径，g_e为地表重力加速度。为了简化表示，归一化后的状态变量和控制变量依然采用原有形式表示。经过离散化与归一化后的凸优化问题可以描述为

$$\begin{aligned}
&\min\ J=-z(t_N)\\
&\text{s. t. } \boldsymbol{x}(t_{k+1})=\boldsymbol{A}\boldsymbol{x}(t_k)+\boldsymbol{B}[\boldsymbol{u}(t_k)+\boldsymbol{g}(t_k)]+\overline{\boldsymbol{B}}[\boldsymbol{u}(t_{k+1})+\boldsymbol{g}(t_{k+1})],k=0,1,\cdots,N-1\\
&\qquad\sqrt{u_x^2(t_k)+u_y^2(t_k)+u_z^2(t_k)}=w(t_k),\quad k=0,1,\cdots,N\\
&\qquad 0\leqslant w(t_k)\leqslant T_{\max}\mathrm{e}^{-z_0(t_k)}[1-z(t_k)+z_0(t_k)]/g_\mathrm{e},\quad k=0,1,\cdots,N\\
&\qquad \boldsymbol{H}-\boldsymbol{D}_{Hr}\boldsymbol{r}(t_N)-\boldsymbol{D}_{Hv}\boldsymbol{v}(t_N)=\boldsymbol{H}_\mathrm{f}-\boldsymbol{D}_{Hr}\boldsymbol{r}_\mathrm{f}-\boldsymbol{D}_{Hv}\boldsymbol{v}_\mathrm{f}\\
&\qquad \boldsymbol{D}_{Cr}\boldsymbol{r}(t_N)+\boldsymbol{D}_{Cv}\boldsymbol{v}(t_N)=-\boldsymbol{L}_\mathrm{f}+\boldsymbol{D}_{Cr}\boldsymbol{r}_\mathrm{f}+\boldsymbol{D}_{Cv}\boldsymbol{v}_\mathrm{f}\\
&\qquad \boldsymbol{r}_\mathrm{f}^\mathrm{T}\boldsymbol{r}(t_N)=r_\mathrm{f}^2\\
&\qquad z(t_N)\geqslant\ln(m_\mathrm{d})
\end{aligned} \tag{5-158}$$

2. 凸优化问题的标准形式

经过离散化的差分方程状态转移过程可以表示为

$$\begin{cases} \boldsymbol{x}(t_1)=\boldsymbol{A}\boldsymbol{x}(t_0)+\boldsymbol{B}[\boldsymbol{u}(t_0)+\boldsymbol{g}(t_0)]+\overline{\boldsymbol{B}}[\boldsymbol{u}(t_1)+\boldsymbol{g}(t_1)] \\ \boldsymbol{x}(t_2)=\boldsymbol{A}\boldsymbol{x}(t_1)+\boldsymbol{B}[\boldsymbol{u}(t_1)+\boldsymbol{g}(t_1)]+\overline{\boldsymbol{B}}[\boldsymbol{u}(t_2)+\boldsymbol{g}(t_2)] \\ \cdots \\ \boldsymbol{x}(t_N)=\boldsymbol{A}\boldsymbol{x}(t_{N-1})+\boldsymbol{B}[\boldsymbol{u}(t_{N-1})+\boldsymbol{g}(t_{N-1})]+\overline{\boldsymbol{B}}[\boldsymbol{u}(t_N)+\boldsymbol{g}(t_N)] \end{cases} \tag{5-159}$$

飞行器在任意离散点的状态 $\boldsymbol{x}(t_k)$ 可由初始状态 $\boldsymbol{x}(t_0)$ 及各离散点的控制变量求得

$$\begin{aligned} \boldsymbol{x}(t_k)=&\boldsymbol{A}^k\boldsymbol{x}(t_0)+\boldsymbol{A}^{k-1}\boldsymbol{B}[\boldsymbol{u}(t_0)+\boldsymbol{g}(t_0)] \\ &+(\boldsymbol{A}^{k-1}\overline{\boldsymbol{B}}+\boldsymbol{A}^{k-2}\boldsymbol{B})[\boldsymbol{u}(t_1)+\boldsymbol{g}(t_1)]+\cdots \\ &+(\boldsymbol{A}\overline{\boldsymbol{B}}+\boldsymbol{B})[\boldsymbol{u}(t_{k-1})+\boldsymbol{g}(t_{k-1})]+\overline{\boldsymbol{B}}[\boldsymbol{u}(t_k)+\boldsymbol{g}(t_k)] \end{aligned} \tag{5-160}$$

对于某一时刻 t_k，离散状态变量可以表示为

$$\begin{aligned} \boldsymbol{x}(t_k)=&\boldsymbol{A}^k x(t_0)+\boldsymbol{A}^{k-1}\boldsymbol{B}[\boldsymbol{u}(t_0)+\boldsymbol{g}(t_0)] \\ &+\boldsymbol{\Phi}(k-1)[\boldsymbol{u}(t_1)+\boldsymbol{g}(t_1)]+\cdots \\ &+\boldsymbol{\Phi}(1)[\boldsymbol{u}(t_{k-1})+\boldsymbol{g}(t_{k-1})]+\overline{\boldsymbol{B}}[\boldsymbol{u}(t_k)+\boldsymbol{g}(t_k)] \end{aligned} \tag{5-161}$$

对上式进一步整理，不妨令

$$\boldsymbol{U}(k)=\begin{bmatrix}\boldsymbol{u}^{\mathrm{T}}(t_0) & \boldsymbol{u}^{\mathrm{T}}(t_1) & \cdots & \boldsymbol{u}^{\mathrm{T}}(t_k)\end{bmatrix}^{\mathrm{T}} \tag{5-162}$$

$$\boldsymbol{G}(k)=\begin{bmatrix}\boldsymbol{g}^{\mathrm{T}}(t_0) & \boldsymbol{g}^{\mathrm{T}}(t_1) & \cdots & \boldsymbol{g}^{\mathrm{T}}(t_k)\end{bmatrix}^{\mathrm{T}} \tag{5-163}$$

$$\boldsymbol{\Phi}(k)=\begin{bmatrix}\boldsymbol{A}^{k-1}\boldsymbol{B} & \boldsymbol{A}^{k-1}\overline{\boldsymbol{B}}+\boldsymbol{A}^{k-2}\boldsymbol{B} & \boldsymbol{A}^{k-2}\overline{\boldsymbol{B}}+\boldsymbol{A}^{k-3}\boldsymbol{B} & \cdots & \boldsymbol{A}\overline{\boldsymbol{B}}+\boldsymbol{B} & \overline{\boldsymbol{B}}\end{bmatrix} \tag{5-164}$$

则飞行器在任意离散点的状态 $\boldsymbol{x}(t_k)$ 可表示为

$$\boldsymbol{x}(t_k)=\boldsymbol{A}^k\boldsymbol{x}(t_0)+\boldsymbol{\Phi}(k)(\boldsymbol{U}(k)+\boldsymbol{G}(k)) \tag{5-165}$$

终端状态 $\boldsymbol{x}(t_N)$ 为

$$\boldsymbol{x}(t_N)=\boldsymbol{A}^N\boldsymbol{x}(t_0)+\boldsymbol{\Phi}(N)(\boldsymbol{U}(k)+\boldsymbol{G}(k)) \tag{5-166}$$

离散化后的终端轨道约束条件式(5-149)、式(5-150)可以重新表述为

$$\begin{aligned}\boldsymbol{D}_H\cdot\boldsymbol{\Phi}(N)\cdot\boldsymbol{U}(N)-\boldsymbol{H}&=-\boldsymbol{D}_H\cdot\boldsymbol{A}^N\cdot\boldsymbol{x}(t_0)-\boldsymbol{D}_H\cdot\boldsymbol{\Phi}(N)\cdot\boldsymbol{G}(N)\\&\quad-\boldsymbol{H}_\mathrm{f}+\boldsymbol{D}_{Hr}\cdot\boldsymbol{r}_\mathrm{f}+\boldsymbol{D}_{Hv}\cdot\boldsymbol{v}_\mathrm{f}\\ \boldsymbol{D}_C\cdot\boldsymbol{\Phi}(N)\cdot\boldsymbol{U}(N)&=-\boldsymbol{D}_C\cdot\boldsymbol{A}^N\cdot\boldsymbol{x}(t_0)-\boldsymbol{D}_C\cdot\boldsymbol{\Phi}(N)\cdot\boldsymbol{G}(N)\\&\quad-\boldsymbol{L}_\mathrm{f}+\boldsymbol{D}_{Cr}\cdot\boldsymbol{r}_\mathrm{f}+\boldsymbol{D}_{Cv}\cdot\boldsymbol{v}_\mathrm{f}\end{aligned} \tag{5-167}$$

其中，

$$\begin{aligned}\boldsymbol{D}_H&=\begin{bmatrix}\boldsymbol{D}_{Hr} & \boldsymbol{D}_{Hv} & 0\end{bmatrix}\\ \boldsymbol{D}_C&=\begin{bmatrix}\boldsymbol{D}_{Cr} & \boldsymbol{D}_{Cv} & 0\end{bmatrix}\end{aligned} \tag{5-168}$$

令

$$\boldsymbol{\Phi}_r=\boldsymbol{r}_\mathrm{f}^\mathrm{T}\cdot\left[\boldsymbol{\Phi}(N)\right]_{1:3} \tag{5-169}$$

$$\Phi_G=r_\mathrm{f}^2-\boldsymbol{r}_\mathrm{f}^\mathrm{T}\cdot[\boldsymbol{A}^N\cdot\boldsymbol{x}(t_0)+\boldsymbol{\Phi}(N)\cdot\boldsymbol{G}]_{1:3} \tag{5-170}$$

则离散化后的终端轨道半径约束(5-141)可以表示为

$$\boldsymbol{\Phi}_r\boldsymbol{U}(N)=\Phi_G \tag{5-171}$$

引入松弛变量 s_k，控制变量约束条件可以表示为

$$\sqrt{u_x^2(t_k)+u_y^2(t_k)+u_z^2(t_k)}=w(t_k) \tag{5-172}$$

$$w(t_k)+s_k-T_{\max}\mathrm{e}^{-z_0(t_k)}[1-z(t_k)+z_0(t_k)]/g_\mathrm{e}=0, s_k\geqslant 0, k=0,1,\cdots,N \tag{5-173}$$

为便于问题描述，定义下列变量：

$$\bar{\boldsymbol{\Lambda}}_k=\begin{bmatrix}0_{1\times(4k-1)} & 1 & 0_{1\times(4N-4k)}\end{bmatrix} \tag{5-174}$$

$$\hat{\boldsymbol{\Lambda}}_k=(T_{\max}\mathrm{e}^{-z_0(t_k)}\boldsymbol{\Phi}(k)/g_\mathrm{e})_7 \tag{5-175}$$

$$\tilde{\boldsymbol{\Lambda}}_k=(T_{\max}\mathrm{e}^{-z_0(t_k)}\boldsymbol{A}^k/g_\mathrm{e})_7 \tag{5-176}$$

轨迹规划问题的控制变量不约束可以写为

$$\begin{aligned} s_k + (\bar{\boldsymbol{\Lambda}}_k + \hat{\boldsymbol{\Lambda}}_k)\boldsymbol{U}(k) = T_{\max}\mathrm{e}^{-z_0(t_k)}[1 + z_0(t_k)] / g_{\mathrm{e}} \\ - \tilde{\boldsymbol{\Lambda}}_k \boldsymbol{x}(t_0) - \hat{\boldsymbol{\Lambda}}_k \boldsymbol{G}(k), k = 1, \cdots, N \end{aligned} \tag{5-177}$$

引入松弛变量 s_z，终端质量约束条件可以表示为

$$\hat{\boldsymbol{\Lambda}}_N \boldsymbol{U}(N) - s_z = \ln(m_{\mathrm{d}}) - \tilde{\boldsymbol{\Lambda}}_N x(t_0) - \hat{\boldsymbol{\Lambda}}_N \boldsymbol{G}(N),\ s_z \geqslant 0 \tag{5-178}$$

通过以上变换，优化问题可以转换为式(5-131)所描述标准的二阶锥优化问题：

$$\begin{aligned} &\min\ \hat{\boldsymbol{c}}^{\mathrm{T}} \hat{\boldsymbol{x}} \\ &\mathrm{s.t.}\ \hat{\boldsymbol{A}}\hat{\boldsymbol{x}} = \hat{\boldsymbol{b}} \\ &\quad \hat{\boldsymbol{x}} \in \boldsymbol{K} \end{aligned} \tag{5-179}$$

式中，$\hat{\boldsymbol{x}}$ 为线性锥与二次锥的组合。各矩阵与向量的具体形式为

$$\hat{\boldsymbol{A}} = \begin{bmatrix} \boldsymbol{I}_{N\times N} & 0_{N\times 1} & \boldsymbol{\Lambda} & 0_{N\times 1} \\ 0_{3\times N} & 0_{3\times 1} & \boldsymbol{D}_H \boldsymbol{\Phi}(N) & -\boldsymbol{H} \\ 0_{3\times N} & 0_{3\times 1} & \boldsymbol{D}_L \boldsymbol{\Phi}(N) & 0_{3\times 1} \\ 0_{1\times N} & -1 & \hat{\boldsymbol{\Lambda}}_N & 0 \\ 0_{1\times N} & 0 & \boldsymbol{\Phi}_r & 0 \end{bmatrix} \tag{5-180}$$

$$\hat{\boldsymbol{b}} = \begin{bmatrix} T_{\max}\mathrm{e}^{-z_0(t_k)}[1 + z_0(t_1)] / g_{\mathrm{e}} - \tilde{\boldsymbol{\Lambda}}_1 \boldsymbol{x}(t_0) - \hat{\boldsymbol{\Lambda}}_1 \boldsymbol{G}(1) \\ \cdots \\ T_{\max}\mathrm{e}^{-z_0(t_k)}[1 + z_0(t_N)] / g_{\mathrm{e}} - \tilde{\boldsymbol{\Lambda}}_N \boldsymbol{x}(t_0) - \hat{\boldsymbol{\Lambda}}_N \boldsymbol{G}(N) \\ -\boldsymbol{D}_H \cdot \boldsymbol{A}^N \cdot \boldsymbol{x}(t_0) - \boldsymbol{D}_H \cdot \boldsymbol{\Phi}(N) \cdot \boldsymbol{G}(N) - \boldsymbol{H}_{\mathrm{f}} + \boldsymbol{D}_{Hr} \cdot \boldsymbol{r}_{\mathrm{f}} + \boldsymbol{D}_{Hv} \cdot \boldsymbol{v}_{\mathrm{f}} \\ -\boldsymbol{D}_C \cdot \boldsymbol{A}^N \cdot \boldsymbol{x}(t_0) - \boldsymbol{D}_C \cdot \boldsymbol{\Phi}(N) \cdot \boldsymbol{G}(N) - \boldsymbol{L}_{\mathrm{f}} + \boldsymbol{D}_{Cr} \cdot \boldsymbol{r}_{\mathrm{f}} + \boldsymbol{D}_{Cv} \cdot \boldsymbol{v}_{\mathrm{f}} \\ \ln(m_{\mathrm{d}}) - \tilde{\boldsymbol{\Lambda}}_N \boldsymbol{x}(\boldsymbol{t}_0) - \hat{\boldsymbol{\Lambda}}_N \boldsymbol{G}(N) \\ \Phi_G \end{bmatrix} \tag{5-181}$$

$$\hat{\boldsymbol{c}} = \begin{bmatrix} 0_{1\times N} & 0 & \hat{\boldsymbol{\Lambda}}_N & 0 \end{bmatrix}^{\mathrm{T}} \tag{5-182}$$

$$\hat{\boldsymbol{x}} = \begin{bmatrix} \boldsymbol{s}^{\mathrm{T}} & s_z & \boldsymbol{U}(N)^{\mathrm{T}} & 1 \end{bmatrix}^{\mathrm{T}} \tag{5-183}$$

控制松弛向量 $\boldsymbol{s}$ 为

$$\boldsymbol{s} = \begin{bmatrix} s_1 & s_2 & \cdots & s_{N-1} & s_N \end{bmatrix}^{\mathrm{T}} \tag{5-184}$$

状态转移矩阵 $\boldsymbol{\Lambda}$ 为

$$\boldsymbol{\Lambda} = \begin{bmatrix} \bar{\boldsymbol{\Lambda}}_1 + \hat{\boldsymbol{\Lambda}}_1 \\ \bar{\boldsymbol{\Lambda}}_2 + \hat{\boldsymbol{\Lambda}}_2 \\ \vdots \\ \bar{\boldsymbol{\Lambda}}_N + \hat{\boldsymbol{\Lambda}}_N \end{bmatrix} \tag{5-185}$$

状态转移矩阵 $\boldsymbol{\Lambda}$ 是一个 N 行 $4N+4$ 列的矩阵，其中，第 $k(k=1,2,\cdots,N-1)$ 行元素个数小于 $4N+4$ 时，后置空位用 0 补齐。

3. 迭代序列

由于凸化处理后的约束需要初始 Taylor 展开点，因此第一次迭代需要对运行过程中的质量变化进行估计。采用线性化质量变化的方法进行描述：

$$m_0(t) = m(t_0) + \frac{m(t_{\mathrm{f}}) - m(t_0)}{t_{\mathrm{f}} - t_0}(t_k - t_0) \tag{5-186}$$

因此控制量约束中的质量序列 $z_0(t)$ 的初始猜想可以设置为

$$\begin{aligned} z_0(t_k) &= \ln[m_0(t)] \\ &= \ln[m(t_0) + \frac{m(t_{\mathrm{f}}) - m(t_0)}{t_{\mathrm{f}} - t_0}(t_k - t_0)] \end{aligned} \tag{5-187}$$

重力加速度序列 $\boldsymbol{g}_0(t)$ 的初始猜想可以设置为任务开始时的重力加速度：

$$\boldsymbol{g}_0(t_k) = \frac{\mu}{r^3(t_0)}\boldsymbol{r}(t_0) \tag{5-188}$$

5.3.5 在线规划问题求解

考虑到实际任务复杂多变，重规划问题的求解结果可能并不唯一，通过松弛处理可以尽可能保证规划问题有解且收敛。在线弹道重规划问题的求解可以采用原始-对偶内点法完成求解。

二阶锥规划问题的原始-对偶内点算法，其基本思想是将约束优化问题转化为一系列无约束优化问题，根据二阶锥规划问题的最优性条件，每次搜索产生迭代点，使得对偶间隙逐渐减少且迭代点位于中心路径的某个邻域内，最终沿着中心路径趋向原问题的最优解。原始-对偶内点法的基本步骤有：①建立适合任意初值点的齐次自嵌模型；②利用牛顿法求解齐次自嵌模型，确定搜索方向与搜索步长；③预测校正中心路径参数。

1. 二阶锥规划问题的齐次自嵌形式

二阶锥优化问题 P 的标准形式可以描述为

$$\begin{aligned} \min\ & \boldsymbol{c}^{\mathrm{T}}\boldsymbol{x} \\ \text{s.t.}\ & \boldsymbol{A}\boldsymbol{x}=\boldsymbol{b} \\ & \boldsymbol{x}\in\boldsymbol{K} \end{aligned} \tag{5-189}$$

式中，$\boldsymbol{A}\in\mathbf{R}^{m\times n}, m\leqslant n$ 且满足 $\operatorname{rank}(\boldsymbol{A})=n$，$\boldsymbol{c}\in\mathbf{R}^{n}$，$\boldsymbol{b}\in\mathbf{R}^{m}$，$\boldsymbol{K}$ 为线性锥、二次锥和旋转二次锥的组合。

对应的对偶问题 D 描述为

$$\begin{aligned} \max\ & \boldsymbol{b}^{\mathrm{T}}\boldsymbol{y} \\ \text{s.t.}\ & \boldsymbol{A}^{\mathrm{T}}\boldsymbol{y}+\boldsymbol{s}=\boldsymbol{c} \\ & s\in\boldsymbol{K}^{*} \end{aligned} \tag{5-190}$$

式中，$\boldsymbol{s}\in\mathbf{R}^{n}$ 为对偶变量，$\boldsymbol{K}^{*}$ 为 $\boldsymbol{K}$ 的对偶集合。当 $\boldsymbol{K}$ 为线性锥、二次锥或旋转二次锥时，有 $K^{*}=K$。

由弱对偶性可得 $\boldsymbol{c}^{\mathrm{T}}\boldsymbol{x}\geqslant\boldsymbol{b}^{\mathrm{T}}\boldsymbol{y}$，且对偶间隙 $\boldsymbol{c}^{\mathrm{T}}\boldsymbol{x}-\boldsymbol{b}^{\mathrm{T}}\boldsymbol{y}=\boldsymbol{x}^{\mathrm{T}}\boldsymbol{s}\geqslant 0$。若 $\boldsymbol{x}^{\mathrm{T}}\boldsymbol{s}=0$，则 $\boldsymbol{x}$ 是原问题 P 的最优解且 $(\boldsymbol{y},\boldsymbol{s})$ 是对偶问题 D 的最优解。

因此，求解原始问题 P 等价于求解：

$$\begin{cases} \boldsymbol{A}\boldsymbol{x}-\boldsymbol{b}=0, & \boldsymbol{x}\in K \\ \boldsymbol{A}^{\mathrm{T}}\boldsymbol{y}+\boldsymbol{s}-\boldsymbol{c}=0, & \boldsymbol{s}\in K \\ \boldsymbol{x}^{\mathrm{T}}\boldsymbol{s}=0 \end{cases} \tag{5-191}$$

已知 $\boldsymbol{c}^{\mathrm{T}}\boldsymbol{x}-\boldsymbol{b}^{\mathrm{T}}\boldsymbol{y}\geqslant 0$，若增加条件 $\boldsymbol{b}^{\mathrm{T}}\boldsymbol{y}-\boldsymbol{c}^{\mathrm{T}}\boldsymbol{x}\geqslant 0$，则有 $\boldsymbol{x}^{\mathrm{T}}\boldsymbol{s}=0$，可进一步等价为

$$\begin{cases} \boldsymbol{A}\boldsymbol{x}-\boldsymbol{b}=0, & \boldsymbol{x}\in K \\ \boldsymbol{A}^{\mathrm{T}}\boldsymbol{y}+\boldsymbol{s}-\boldsymbol{c}=0, & \boldsymbol{s}\in K \\ \boldsymbol{b}^{\mathrm{T}}\boldsymbol{y}-\boldsymbol{c}^{\mathrm{T}}\boldsymbol{x}\geqslant 0 \end{cases} \tag{5-192}$$

将轨迹规划问题描述为二阶锥规划问题后，为了求解该问题，引入松弛变量 $\kappa\geqslant 0$，将第三个不等式转换为等式约束，引入缩放因子 $\tau\geqslant 0$ 进行齐次化处理，得到 Goldman-Tucker 齐次模型：

$$\begin{cases} \boldsymbol{A}\boldsymbol{x}-\tau\boldsymbol{b}=0, & \boldsymbol{x}\in K \\ \boldsymbol{A}^{\mathrm{T}}\boldsymbol{y}+\boldsymbol{s}-\tau\boldsymbol{c}=0, & \boldsymbol{s}\in K \\ \boldsymbol{b}^{\mathrm{T}}\boldsymbol{y}-\boldsymbol{c}^{\mathrm{T}}\boldsymbol{x}-\kappa=0 \end{cases} \tag{5-193}$$

求解 Goldman-Tucker 齐次模型可判断原始问题与对偶问题的可行性。采用原始-对偶内点法求解上述模型时，通常不存在可行的最优解，需要将齐次模型转化为一个自对偶问题，进一步将该问题转化为齐次自嵌模型，该问题的齐次自嵌形式可以描述为

$$\begin{aligned} \min\ & \beta\nu \\ \text{s.t.}\ & \boldsymbol{A}\boldsymbol{x}-\tau\boldsymbol{b}=\nu\boldsymbol{r}_{\mathrm{p}} \\ & \boldsymbol{A}^{\mathrm{T}}\boldsymbol{y}+\boldsymbol{s}-\tau\boldsymbol{c}=-\nu\boldsymbol{r}_{\mathrm{d}} \\ & \boldsymbol{b}^{\mathrm{T}}\boldsymbol{y}-\boldsymbol{c}^{\mathrm{T}}\boldsymbol{x}-\kappa=\nu\boldsymbol{r}_{\mathrm{g}} \\ & \boldsymbol{r}_{\mathrm{p}}^{\mathrm{T}}\boldsymbol{y}+\boldsymbol{r}_{\mathrm{d}}^{\mathrm{T}}\boldsymbol{x}+r_{\mathrm{g}}\tau=-\beta \end{aligned} \tag{5-194}$$

式中，$\boldsymbol{x}\in K$，$\boldsymbol{s}\in K$，$\tau\geqslant 0$，$\kappa\geqslant 0$，$\boldsymbol{y}$ 和 ν 为自由变量，且有

$$
\begin{aligned}
&\boldsymbol{r}_{\mathrm{p}} = \boldsymbol{A}\boldsymbol{x}_0 - \tau_0\boldsymbol{b}, \qquad && \boldsymbol{r}_{\mathrm{d}} = -(\boldsymbol{A}^{\mathrm{T}}\boldsymbol{y}_0 + \boldsymbol{s}_0 - \tau_0\boldsymbol{c}), \\
&r_{\mathrm{g}} = \boldsymbol{b}^{\mathrm{T}}\boldsymbol{y}_0 - \boldsymbol{c}^{\mathrm{T}}\boldsymbol{x}_0 - \kappa_0, \qquad && \beta = -(\boldsymbol{r}_{\mathrm{p}}^{\mathrm{T}}\boldsymbol{y}_0 + \boldsymbol{r}_{\mathrm{d}}^{\mathrm{T}}\boldsymbol{x}_0 + r_{\mathrm{g}}\tau_0)
\end{aligned}
\tag{5-195}
$$

其中，$\boldsymbol{r}_{\mathrm{p}}$，$\boldsymbol{r}_{\mathrm{d}}$ 和 r_{g} 分别表征原始残差、对偶残差和原对偶互补间隙。若 $(\boldsymbol{x}_0,\boldsymbol{y}_0,\boldsymbol{s}_0,\kappa_0,\tau_0)$ 满足 Goldman-Tucker 齐次模型，则 $\boldsymbol{r}_{\mathrm{p}}$，$\boldsymbol{r}_{\mathrm{d}}$ 和 r_{g} 均等于零。引入变量 ν 是为了让任意初值均是问题的可行解，当 $\nu=0$ 时，问题中前三个约束条件就退化 Goldman-Tucker 齐次模型。

优化问题等价可以等价为

$$
\begin{cases}
\boldsymbol{A}\boldsymbol{x} - \tau\boldsymbol{b} = \nu\boldsymbol{r}_{\mathrm{p}} \\
\boldsymbol{A}^{\mathrm{T}}\boldsymbol{y} + \boldsymbol{s} - \tau\boldsymbol{c} = -\nu\boldsymbol{r}_{\mathrm{d}} \\
\boldsymbol{b}^{\mathrm{T}}\boldsymbol{y} - \boldsymbol{c}^{\mathrm{T}}\boldsymbol{x} - \kappa = \nu r_{\mathrm{g}} \\
\boldsymbol{r}_{\mathrm{p}}^{\mathrm{T}}\boldsymbol{y} + \boldsymbol{r}_{\mathrm{d}}^{\mathrm{T}}\boldsymbol{x} + r_{\mathrm{g}}\tau = -\beta \\
\boldsymbol{x}^{\mathrm{T}}\boldsymbol{s} + \kappa\tau = 0
\end{cases}
\tag{5-196}
$$

式中前三个等式两边分别乘以 $\boldsymbol{y}^{\mathrm{T}}$，$\boldsymbol{x}^{\mathrm{T}}$ 和 τ，整理可得

$$
(\boldsymbol{r}_{\mathrm{p}}^{\mathrm{T}}\boldsymbol{y} + \boldsymbol{r}_{\mathrm{d}}^{\mathrm{T}}\boldsymbol{x} + r_{\mathrm{g}}\tau)\nu = -(\boldsymbol{x}^{\mathrm{T}}\boldsymbol{s} + \kappa\tau) \tag{5-197}
$$

由于 $\beta\nu = \boldsymbol{x}^{\mathrm{T}}\boldsymbol{s} + \kappa\tau$，可得

$$
(\boldsymbol{r}_{\mathrm{p}}^{\mathrm{T}}\boldsymbol{y} + \boldsymbol{r}_{\mathrm{d}}^{\mathrm{T}}\boldsymbol{x} + r_{\mathrm{g}}\tau)\nu = -\beta\nu \tag{5-198}
$$

即式中第四个等式并不独立，可以从约束方程中移去。又由于 $\boldsymbol{x}^{\mathrm{T}}\boldsymbol{s} \geqslant 0$，$\tau\kappa \geqslant 0$，$\boldsymbol{x}^{\mathrm{T}}\boldsymbol{s} + \tau\kappa = 0$，可得 $\boldsymbol{x}^{\mathrm{T}}\boldsymbol{s} = 0$，$\tau\kappa = 0$。

故式(5-196)等价为

$$
\begin{cases}
\boldsymbol{A}\boldsymbol{x} - \tau\boldsymbol{b} = \nu\boldsymbol{r}_{\mathrm{p}} \\
\boldsymbol{A}^{\mathrm{T}}\boldsymbol{y} + \boldsymbol{s} - \tau\boldsymbol{c} = -\nu\boldsymbol{r}_{\mathrm{d}} \\
\boldsymbol{b}^{\mathrm{T}}\boldsymbol{y} - \boldsymbol{c}^{\mathrm{T}}\boldsymbol{x} - \kappa = \nu r_{\mathrm{g}} \\
\boldsymbol{x}^{\mathrm{T}}\boldsymbol{s} = 0 \\
\kappa\tau = 0
\end{cases}
\tag{5-199}
$$

一般不直接对式(5-199)进行求解，而是对式(5-199)最后两个非线性等式方程进行松弛处理，从而产生一系列扰动方程组。这些扰动方程组的解形成了从初始点到原问题解的一条中心路径。原始-对偶内点法要求每次搜索产生的扰动方程组的解位于中心路径的某个邻域内，并且使得对偶间隙逐渐减少。

针对上述非线性齐次自嵌问题，利用内点法中的中心路径法求解，建立该问题的中心路径求解模型：

$$\begin{cases} \boldsymbol{A}\boldsymbol{x}-\tau\boldsymbol{b}-v\boldsymbol{r}_{\mathrm{p}}=0 \\ \boldsymbol{A}^{\mathrm{T}}\boldsymbol{y}+\boldsymbol{s}-\boldsymbol{c}\boldsymbol{\tau}+v\boldsymbol{r}_{\mathrm{d}}=0 \\ \boldsymbol{b}^{\mathrm{T}}\boldsymbol{y}-\boldsymbol{c}^{\mathrm{T}}\boldsymbol{x}-\kappa-vr_{\mathrm{g}}=0 \\ \boldsymbol{x}^{\mathrm{T}}\boldsymbol{s}=0+\mu \\ \kappa\tau=0+\mu \\ \mu=\mu_0 v\geqslant 0 \end{cases} \tag{5-200}$$

其中，μ 为齐次自嵌问题中由约束形成的方程组的扰动量，并且 μ_0 为中心路径可变参数：

$$\mu_0=\frac{\boldsymbol{x}_0^{\mathrm{T}}\boldsymbol{s}_0+\tau_0\kappa_0}{m+l+1} \tag{5-201}$$

其中，$(\boldsymbol{x}_0,\boldsymbol{s}_0,\tau_0,\kappa_0)$为给定的初始猜想，$m,l$ 分别为线性锥、二次锥的个数。上述中心路径求解模型的解对于非零值 μ 是唯一的，因此，对于每一个正数 μ，通过数值方法可以获得系统的唯一解。当 $\mu\to 0$ 时，扰动问题最终收敛至齐次自嵌问题的最优解。任何非负实数 μ 对应的解$(\boldsymbol{x}_\mu,\boldsymbol{s}_\mu,\boldsymbol{y}_\mu,\tau_\mu,\kappa_\mu)$组成了中心路径。

2. 牛顿法求解形式

在应用中心路径算法求解式(5-200)时，对于给定的 μ，利用牛顿法进行迭代求解，以得到满足所有等式约束的可行解，当 $\mu\to 0$ 时，得到的可行解即为二阶锥规划问题的最优解。

假定当前估计的解为$(\boldsymbol{x},\boldsymbol{s},\boldsymbol{y},\tau,\kappa)$，通过牛顿法进行求解时，下

一次迭代得到的解可表示为 $(\boldsymbol{x}+\Delta\boldsymbol{x},\boldsymbol{s}+\Delta\boldsymbol{s},\boldsymbol{y}+\Delta\boldsymbol{y},\tau+\Delta\tau,\kappa+\Delta\kappa)$，此时利用牛顿法得到以下待求解方程组:

$$\begin{cases}\hat{\boldsymbol{A}}\Delta\boldsymbol{x}-\boldsymbol{b}\Delta\tau=\boldsymbol{r}_{\mathrm{p}}\nu-(\hat{\boldsymbol{A}}\boldsymbol{x}-\boldsymbol{b}\tau)\\ -\hat{\boldsymbol{A}}^{\mathrm{T}}\Delta\boldsymbol{y}+\boldsymbol{c}\Delta\tau-\Delta\boldsymbol{s}=\boldsymbol{r}_{\mathrm{d}}\nu-(-\hat{\boldsymbol{A}}^{\mathrm{T}}\boldsymbol{y}+\boldsymbol{c}\tau-\boldsymbol{s})\\ \boldsymbol{b}^{\mathrm{T}}\Delta\boldsymbol{y}-\boldsymbol{c}^{\mathrm{T}}\Delta x-\Delta\kappa=r_{\mathrm{g}}\nu-(\boldsymbol{b}^{\mathrm{T}}\boldsymbol{y}-\boldsymbol{c}^{\mathrm{T}}\boldsymbol{x}-\kappa)\\ \boldsymbol{X}\Delta\boldsymbol{S}e+\boldsymbol{S}\Delta\boldsymbol{X}e=\boldsymbol{\nu}\mu_0e-\boldsymbol{E}_{xs}\\ \kappa\Delta\tau+\tau\Delta\kappa=\nu\mu_0-\kappa\tau-E_{\kappa\tau}\end{cases}\tag{5-202}$$

其中，$\boldsymbol{E}_{xs}\in\mathbf{R}^n$，$E_{\kappa\tau}\in\mathbf{R}$ 为二阶小量 $\Delta\boldsymbol{X}\Delta\boldsymbol{S}e$ 和 $\Delta\kappa\Delta\tau$ 的近似，且

$$\begin{aligned}\boldsymbol{X}&\triangleq\mathrm{blkdiag}(\mathrm{arrow}(x^{(1)}),\cdots,\mathrm{arrow}(x^{(k)}))\\ \boldsymbol{S}&\triangleq\mathrm{blkdiag}(\mathrm{arrow}(s^{(1)}),\cdots,\mathrm{arrow}(s^{(k)}))\end{aligned}\tag{5-203}$$

其中，$x^{(i)}$ 代表第 i 个锥的解变量，箭头矩阵 $\mathrm{arrow}(\boldsymbol{v})$ 定义为：对于一个给定的向量 $\boldsymbol{v}=[v_1,v_2,\cdots,v_n]^{\mathrm{T}}\in\mathbf{R}^n$，

$$\mathrm{arrow}(\boldsymbol{v})\triangleq\begin{pmatrix}v_1 & \boldsymbol{v}_{2:n}^{\mathrm{T}}\\ \boldsymbol{v}_{2:n} & \boldsymbol{I}v_1\end{pmatrix}\tag{5-204}$$

经过推导发现，未知变量 $\Delta\boldsymbol{y}$ 的求解方程如式(5-205)所示，而其系数矩阵 $\hat{\boldsymbol{A}}\boldsymbol{T}\boldsymbol{S}^{-1}\boldsymbol{X}\boldsymbol{T}\hat{\boldsymbol{A}}^{\mathrm{T}}$ 可能会产生奇异:

$$\hat{\boldsymbol{A}}\boldsymbol{T}\boldsymbol{S}^{-1}\boldsymbol{X}\boldsymbol{T}\hat{\boldsymbol{A}}^{\mathrm{T}}\Delta\boldsymbol{y}=\boldsymbol{r}_{\mathrm{p}}\nu-\hat{\boldsymbol{A}}\boldsymbol{x}+\boldsymbol{b}\tau+\boldsymbol{b}\Delta\tau+\hat{\boldsymbol{A}}\boldsymbol{T}\boldsymbol{S}^{-1}\boldsymbol{X}\boldsymbol{T}\boldsymbol{c}\Delta\tau\tag{5-205}$$

而只有在系数矩阵 $\hat{\boldsymbol{A}}\boldsymbol{T}\boldsymbol{S}^{-1}\boldsymbol{X}\boldsymbol{T}\hat{\boldsymbol{A}}^{\mathrm{T}}$ 为对称矩阵时，上述方程才可求解。但是对于一般的问题，$\hat{\boldsymbol{A}}\boldsymbol{T}\boldsymbol{S}^{-1}\boldsymbol{X}\boldsymbol{T}\hat{\boldsymbol{A}}^{\mathrm{T}}$ 不仅可能不是对称矩阵，还可能是奇异矩阵。为了保证 $\Delta\boldsymbol{y}$ 的系数非奇异，采用 Nesterov-Todd 缩放方法，对矩阵 $\hat{\boldsymbol{A}}\boldsymbol{T}\boldsymbol{S}^{-1}\boldsymbol{X}\boldsymbol{T}\hat{\boldsymbol{A}}^{\mathrm{T}}$ 进行缩放处理。

3. Nesterov-Todd 缩放

首先，给出 Nesterov-Todd 缩放形式为

$$\overline{\boldsymbol{x}}^{(i)}=\boldsymbol{\theta}\boldsymbol{G}\boldsymbol{x}^{(i)},\ \overline{\boldsymbol{s}}^{(i)}=(\boldsymbol{\theta}\boldsymbol{G})^{-1}\boldsymbol{s}^{(i)}\tag{5-206}$$

其中，如果K为线性锥，则$G=1$；如果K为二次锥，则

$$\boldsymbol{Q}:=\mathrm{diag}(1,-1,\cdots,-1)$$

$$\theta^2=\sqrt{\frac{\boldsymbol{s}^{\mathrm{T}}Q\boldsymbol{s}}{\boldsymbol{x}^{\mathrm{T}}Q\boldsymbol{x}}} \tag{5-207}$$

$$\boldsymbol{G}=-\boldsymbol{Q}+\frac{(\boldsymbol{e}_1+g)(\boldsymbol{e}_1+g)^{\mathrm{T}}}{1+\boldsymbol{e}_1^{\mathrm{T}}g}$$

其中，$\boldsymbol{e}_1=(1,0,\cdots,0)^{\mathrm{T}}$，$g=\dfrac{\boldsymbol{\theta}^{-1}\boldsymbol{s}+\boldsymbol{\theta}\boldsymbol{Q}\boldsymbol{s}}{\sqrt{2}\sqrt{\boldsymbol{x}^{\mathrm{T}}\boldsymbol{s}+\sqrt{\boldsymbol{x}^{\mathrm{T}}\boldsymbol{Q}\boldsymbol{x}\boldsymbol{s}^{\mathrm{T}}\boldsymbol{Q}\boldsymbol{s}}}}$。

令$\boldsymbol{\Theta}=\mathrm{diag}(\theta^{(1)},\cdots,\theta^{(k)})$，$\widetilde{\boldsymbol{G}}=\mathrm{diag}(\boldsymbol{G}^{(1)},\cdots,\boldsymbol{G}^{(k)})$，则有

$$\tilde{\boldsymbol{x}}=(\boldsymbol{\Theta}\widetilde{\boldsymbol{G}})^{-1}\overline{\boldsymbol{x}},\ \ \tilde{\boldsymbol{s}}=\boldsymbol{\Theta}\widetilde{\boldsymbol{G}}\overline{\boldsymbol{s}} \tag{5-208}$$

相关理论证明，Nesterov-Todd缩放可以保证牛顿法推导后得到的系数矩阵$\hat{\boldsymbol{A}}\boldsymbol{T}\boldsymbol{S}^{-1}\boldsymbol{X}\boldsymbol{T}\hat{\boldsymbol{A}}^{\mathrm{T}}$为对称阵，且满足缩放前后问题的等价性。

4. 牛顿法搜索方向

对式(5-202)进行缩放后，可得其缩放形式为

$$\begin{cases}\hat{\boldsymbol{A}}\Delta\boldsymbol{x}-\boldsymbol{b}\Delta\tau=\boldsymbol{r}_1,\\ -\hat{\boldsymbol{A}}^{\mathrm{T}}\Delta\boldsymbol{y}+\boldsymbol{c}\Delta\tau-\Delta\boldsymbol{s}=\boldsymbol{r}_2,\\ \boldsymbol{b}^{\mathrm{T}}\Delta\boldsymbol{y}-\boldsymbol{c}^{\mathrm{T}}\Delta x-\Delta\kappa=r_3,\\ \overline{\boldsymbol{X}}(\boldsymbol{\Theta}\widetilde{\boldsymbol{G}})^{-1}\Delta\overline{\boldsymbol{s}}e+\overline{\boldsymbol{S}}\boldsymbol{\Theta}\widetilde{\boldsymbol{G}}\Delta\overline{\boldsymbol{x}}e=\boldsymbol{r}_4,\\ \kappa\Delta\tau+\tau\Delta\kappa=r_5\end{cases} \tag{5-209}$$

其中，

$$\begin{aligned}&\boldsymbol{r}_1=\boldsymbol{r}_{\mathrm{p}}\nu-(\hat{\boldsymbol{A}}\boldsymbol{x}-\boldsymbol{b}\tau),\ \boldsymbol{r}_2=\boldsymbol{r}_{\mathrm{d}}\nu-(-\hat{\boldsymbol{A}}^{\mathrm{T}}\boldsymbol{y}+\boldsymbol{c}\tau-\boldsymbol{s}),\\ &r_3=r_{\mathrm{g}}\nu-(\boldsymbol{b}^{\mathrm{T}}\boldsymbol{y}-\boldsymbol{c}^{\mathrm{T}}\boldsymbol{x}-\kappa),\ \boldsymbol{r}_4=\nu\mu_0 e-\boldsymbol{E}_{xs},\ r_5=\nu\mu_0-\kappa\tau-E_{\kappa\tau},\\ &e_j^{(i)}\triangleq\begin{cases}0, j\neq i\\ 1, j=i\end{cases}\end{aligned} \tag{5-210}$$

令$\boldsymbol{D}=(\boldsymbol{\Theta}\widetilde{\boldsymbol{G}})^{-1}$，可以推导得到

$$\kappa\Delta\tau + \tau\Delta\kappa = \nu\mu_0 - \kappa\tau - E_{\kappa\tau}$$
$$\Delta\boldsymbol{s} = \boldsymbol{\Theta}\widetilde{\boldsymbol{G}}(\overline{\boldsymbol{X}})^{-1}\boldsymbol{r}_4 - (\boldsymbol{\Theta}\widetilde{\boldsymbol{G}})^2\Delta\boldsymbol{x}$$
$$\Delta\boldsymbol{x} = \boldsymbol{D}^2(\boldsymbol{r}_2' + \hat{\boldsymbol{A}}^{\mathrm{T}}\Delta\boldsymbol{y} - \boldsymbol{c}\Delta\tau) \tag{5-211}$$
$$\Delta\tau = \frac{r_3' + \boldsymbol{a}_1^{\mathrm{T}}\Delta\boldsymbol{y}}{a_2}$$

其中，

$$\boldsymbol{r}_2' = \boldsymbol{r}_2 + \boldsymbol{\Theta}\widetilde{\boldsymbol{G}}(\overline{\boldsymbol{X}})^{-1}\boldsymbol{r}_4,\ r_3' = r_3 + \frac{r_5}{\tau} + \boldsymbol{c}^{\mathrm{T}}\boldsymbol{D}^2\boldsymbol{r}_2'$$
$$\boldsymbol{a}_1 = -\boldsymbol{b} + \hat{\boldsymbol{A}}\boldsymbol{D}^2\boldsymbol{c},\ a_2 = \frac{\kappa}{\tau} + \boldsymbol{c}^{\mathrm{T}}\boldsymbol{D}^2\boldsymbol{c} \tag{5-212}$$

根据以上关系可知，计算$(\Delta\boldsymbol{x},\Delta\boldsymbol{s},\Delta\boldsymbol{y},\Delta\tau,\Delta\kappa)$时，需要先利用下式计算$\Delta\boldsymbol{y}$：

$$(\hat{\boldsymbol{A}}\boldsymbol{D}^2\hat{\boldsymbol{A}}^{\mathrm{T}} + \overline{\boldsymbol{a}}\boldsymbol{a}_1^{\mathrm{T}})\Delta\boldsymbol{y} = \boldsymbol{\ell} \tag{5-213}$$

其中，

$$\overline{\boldsymbol{a}} = \frac{-\hat{\boldsymbol{A}}\boldsymbol{D}^2\boldsymbol{c} - \boldsymbol{b}}{a_2},\ \boldsymbol{\ell} = \boldsymbol{r}_1' + \frac{r_3'}{a_2}(\hat{\boldsymbol{A}}\boldsymbol{D}^2\boldsymbol{c} + \boldsymbol{b}),\ \boldsymbol{r}_1' = \boldsymbol{r}_1 - \hat{\boldsymbol{A}}\boldsymbol{D}^2\boldsymbol{r}_2' \tag{5-214}$$

上述方程可以应用 Sherman-Morrison 公式进行求解。令$\widehat{\boldsymbol{P}} = \hat{\boldsymbol{A}}\boldsymbol{D}^2\hat{\boldsymbol{A}}^{\mathrm{T}}$，则上述方程的解$\Delta\boldsymbol{y}$可以用下述两个线性系统的解$\boldsymbol{v}_0$和$\boldsymbol{v}_1$表示

$$\widehat{\boldsymbol{P}}\boldsymbol{v}_0 = \boldsymbol{\ell},\quad \widehat{\boldsymbol{P}}\boldsymbol{v}_1 = \overline{\boldsymbol{a}} \tag{5-215}$$

此时，方程的解可表示为

$$\Delta\boldsymbol{y} = \boldsymbol{v}_0 - \frac{\boldsymbol{a}_1^{\mathrm{T}}\boldsymbol{v}_0}{1 + \boldsymbol{a}_1^{\mathrm{T}}\boldsymbol{v}_1}\boldsymbol{v}_1 \tag{5-216}$$

对于式(5-215)中两个线性系统的求解，可以采用 Cholesky 因式分解进行求解。

5.3.6 仿真分析

以运载火箭上面级(轨道转移飞行器)为例，选择目标圆轨道作为入轨约束条件，完成凸优化问题的转化与分析。当飞行过程中出现偏差时，采用在线弹道重规划方案，确定任务目标轨道的约束条件，并采取相应的执行策略。

当飞行偏差较小处于任务 A 区时，轨道转移飞行器可以通过自适应调整实现入轨，调整后的飞行控制诸元保持不变，此时无须重新规划飞行弹道。因此主要考虑飞行偏差处于 B 区和 C 区条件下的重规划方案。

1. 在线仿真案例 1

仿真具体参数如下。

(1) 运载火箭上面级的初始轨道参数为：近地点高度 216km，远地点高度 35930km，轨道倾角 10.6°，升交点赤经 21.2°，近地点幅角 179.6°，真近点角 357.6°。

(2) 飞行任务的目标轨道参数为：半长轴 44971km，偏心率为 0，轨道倾角 10.6°。

对于火箭上面级的发动机参数如表 5-6 所示。

表 5-6　火箭上面级发动机参数

发动机参数	参数数值
总质量/kg	10600
燃料质量/kg	5600
真空推力/N	13000
发动机比冲/s	315.816
全推力工作时间/s	1333.2

选取上面级第一次点火作为问题的初始状态点。当 $t = 0$s 时，上面级由于故障导致推力出现偏差，无法按照原定计划完成任务。假设推力偏差情况下发动机仍能正常关机与二次点火，且发动机比

冲保持不变，剩余燃料能够充分燃烧。依据火箭上面级的入轨能力评估(处于任务 B 区)，结合当前的剩余燃料和目标轨道根数要求，考虑飞行约束情况，通过弹道重规划实现飞行任务，如图 5-17 所示。

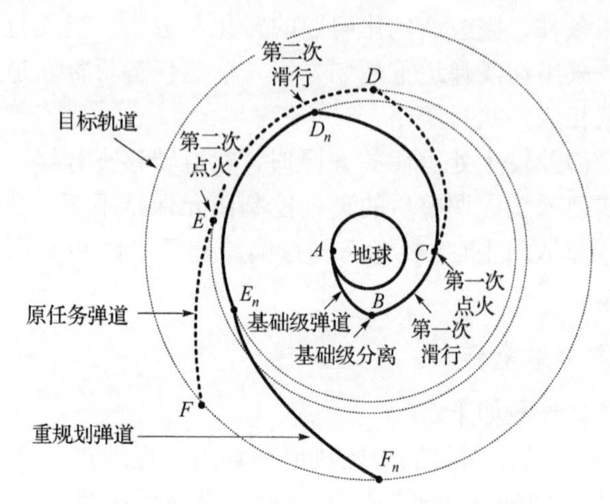

图 5-17　弹道重规划入轨——在线仿真案例 1

弹道重规划后的飞行控制参数如表 5-7 所示。

表 5-7　在线重规划参数——仿真案例 1

一次关机时间	1368.0s		
一次关机速度	2545.44m/s		
二次开机时间	3830.4s		
二次开机速度	2398.27m/s		
二次关机时间	4560.0s		
二次关机速度	2977.16m/s		
程序角序列	U_x	U_y	U_z
0s	0.4212	0.5986	0.0759
10s	0.4228	0.6013	0.0763
…	…	…	…
4550s	−1.4206	0.2758	0.1443
4560s	−1.4330	0.2768	0.1453

采用凸优化法设计完成在线弹道重规划设计，重新规划出飞行器的程序角指令，与原有程序角对比如图 5-18 所示，其中，虚线为原标称弹道程序角指令参数，实线为重规划弹道更新后的程序角指令。与原标称弹道的控制变量对比，重规划任务的控制变量变化范围不大，控制变量取值范围符合飞行器的设计要求，可以满足姿态控制的约束条件，从而保证规划问题收敛。

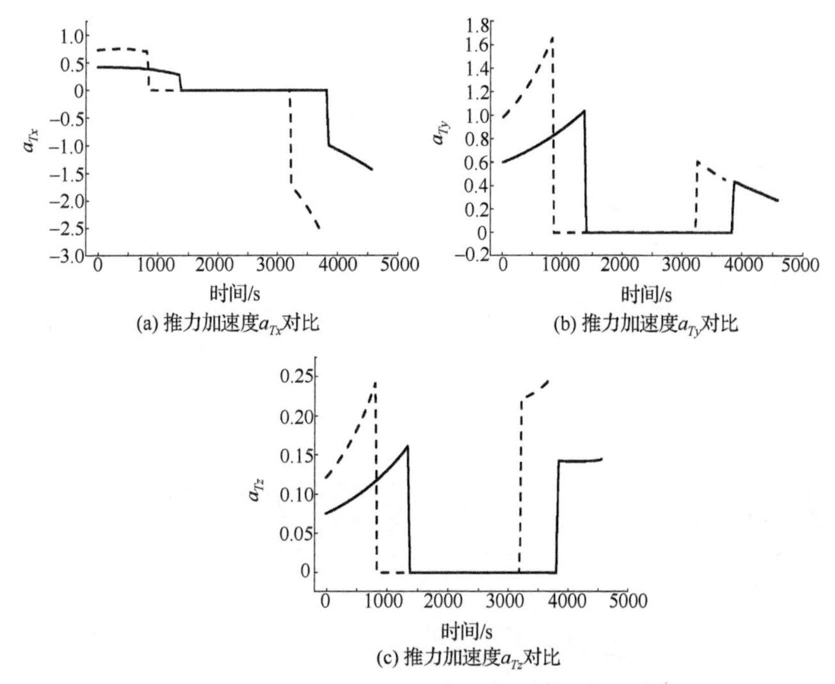

(a) 推力加速度a_{Tx}对比

(b) 推力加速度a_{Ty}对比

(c) 推力加速度a_{Tz}对比

图 5-18　在线案例 1：推力加速度(地心惯性坐标系)对比

将弹道重规划后的程序角与原任务程序角进行对比，重规划弹道与原目标弹道的位移对与速度对比如图 5-19 所示，其中，虚线为原目标弹道变化情况，实线为重规划弹道变化情况。

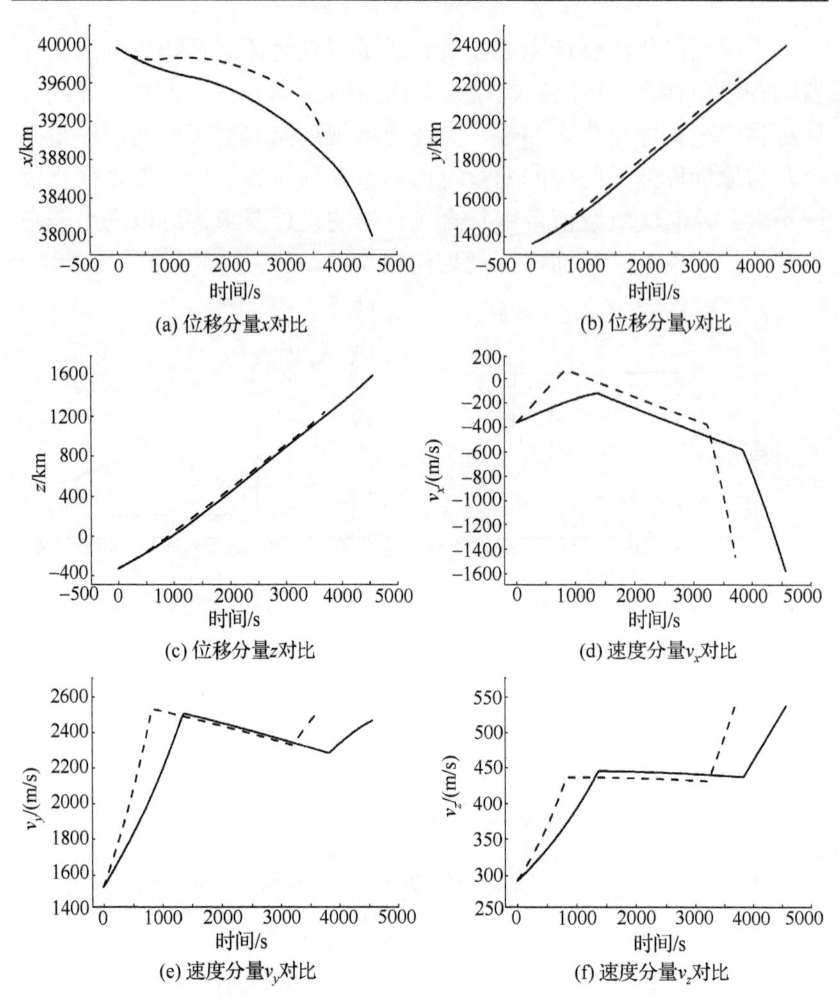

图 5-19　在线案例 1：地心惯性坐标系中的位移与速度分量对比

重规划弹道与原目标弹道的半长轴、偏心率、近地点幅角、真近点角对比如图 5-20 所示，其中，虚线为原目标弹道变化情况，实线为重规划弹道变化情况。

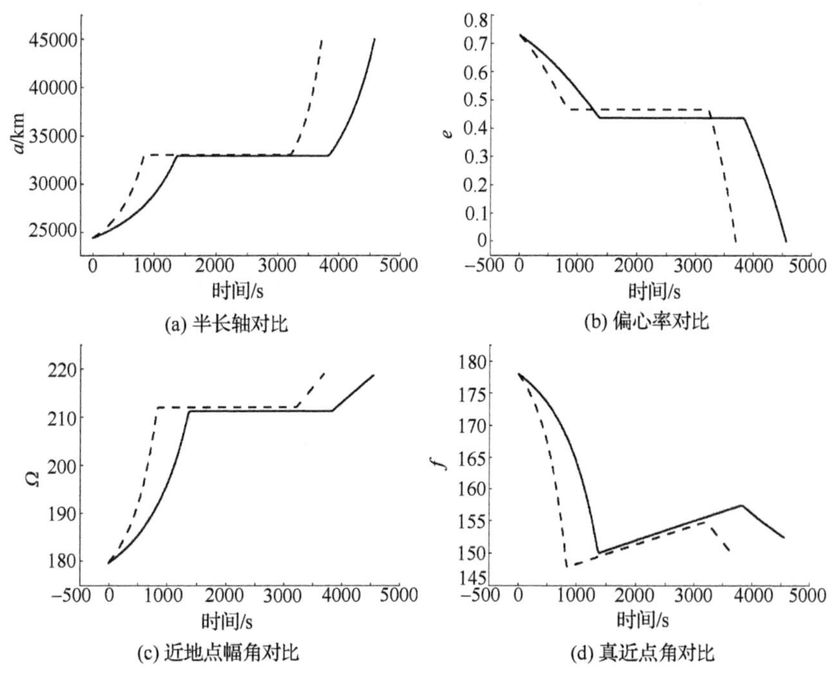

(a) 半长轴对比　(b) 偏心率对比

(c) 近地点幅角对比　(d) 真近点角对比

图 5-20　在线案例 1：主要轨道根数对比

仿真案例 1 采用轨迹重规划设计，轨道转移飞行器能够在到达原定的任务目标轨道，终端轨道参数为：半长轴 44971.0 km，偏心率 0，轨道倾角 10.6°，升交点赤经 21.2°。

轨道转移飞行器工作过程中出现推力下降时，通过入轨能力评估确定处于 *B* 区，飞行偏差在允许范围内，通过重新规划弹道可以将载荷送入预订轨道。

2. 在线仿真案例 2

选取与在线仿真案例 1 相同的飞行器参数，发动机满足表 5-7 所示参数要求。当二次点火飞行偏差较大时，火箭上面级无法到达目标轨道。若第二次点火时(t =3211.6s)，火箭上面级的远地点高度偏差为 500km，轨道倾角偏差为 1°，考虑飞行约束情况，切换到任务降级入轨模式(处于任务 C 区)。通过弹道重规划实现降级入轨，如图 5-21 所示。

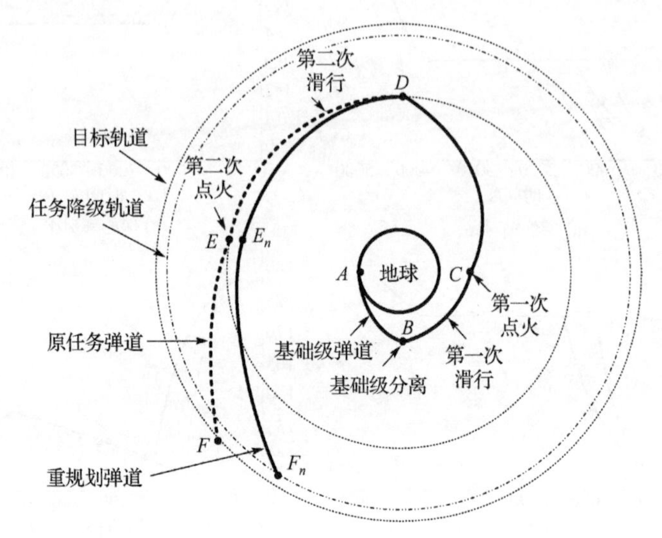

图 5-21　弹道重规划任务降级——在线仿真案例 2

重新规划后形成的飞行控制参数如表 5-8 所示。

表 5-8　在线重规划参数——仿真案例 2

二次开机时间	3211.6s		
二次开机速度	2413.65m/s		
二次关机时间	3714.0s		
二次关机速度	2990.75m/s		
程序角序列	U_x	U_y	U_z
…	…	…	…
3212s	–1.2568	0.6049	–1.7214
3214s	–1.2618	0.6059	–1.7200
…	…	…	…
3712s	–1.5971	0.0532	2.4943
3714s	–1.5928	0.0508	2.5022

采用凸优化法设计完成在线弹道降级规划设计，重新规划出降级飞行任务的程序角指令，与原有程序角对比如图 5-22 所示，其中，虚线为原标称弹道程序角指令参数，实线为重规划弹道更新后的程序角指令。与原标称弹道的控制变量对比，重规划任务的控制变量变化范围不大，控制变量取值范围符合飞行器的设计要求，可以满足姿态控制的约束条件，从而保证规划问题收敛。

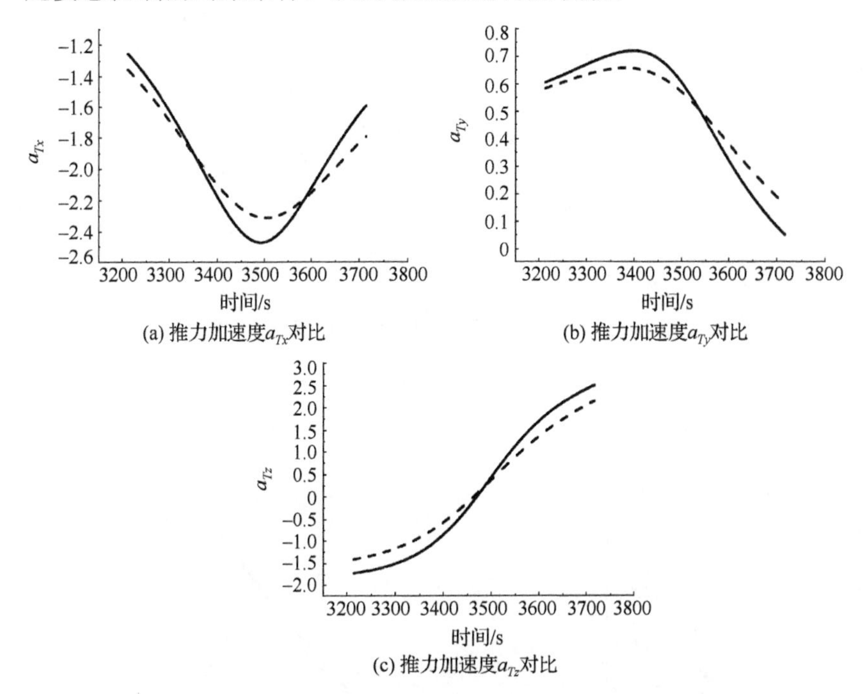

(a) 推力加速度a_{Tx}对比

(b) 推力加速度a_{Ty}对比

(c) 推力加速度a_{Tz}对比

图 5-22　在线案例 2：推力加速度(地心惯性坐标系)对比

降级规划弹道与原目标弹道的速度对比如图 5-23 所示，其中，虚线为原目标弹道变化情况，实线为重规划弹道变化情况。

降级规划弹道与原目标弹道的半长轴对比如图 5-24 所示，轨道倾角对比如图 5-25 所示，其中，虚线为原目标弹道变化情况，实线为重规划弹道变化情况。

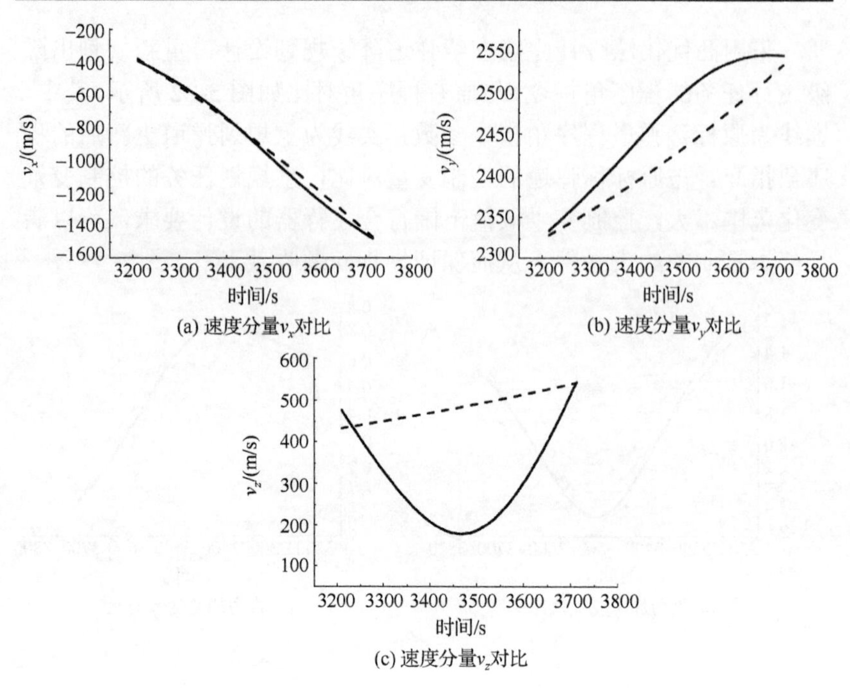

(a) 速度分量v_x对比　(b) 速度分量v_y对比

(c) 速度分量v_z对比

图 5-23　在线案例 2：飞行速度分量(地心惯性坐标系)对比

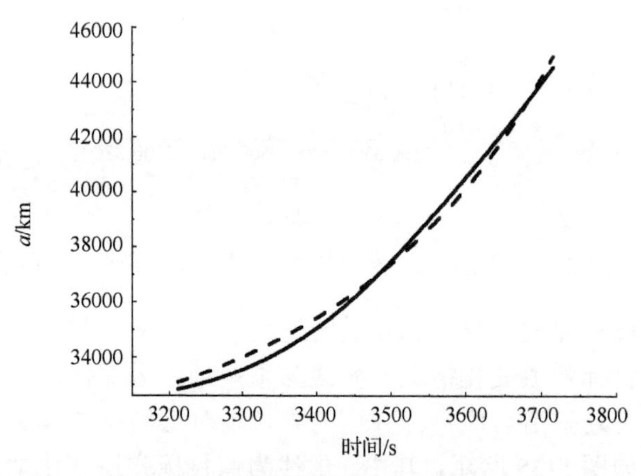

图 5-24　在线案例 2：半长轴对比

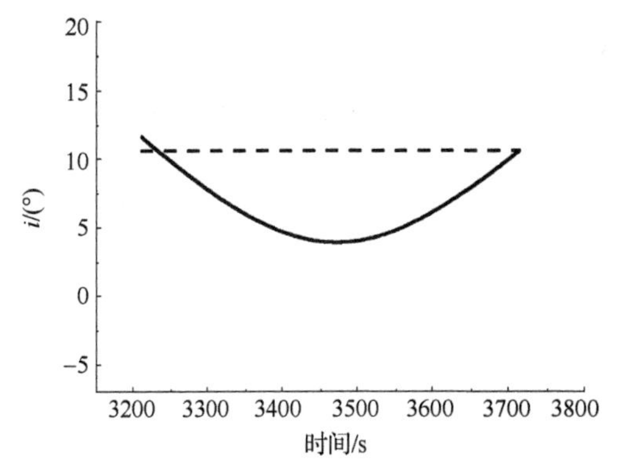

图 5-25　在线案例 2：轨道倾角对比

仿真案例 2 对原定目标轨道进行了任务降级，并重新规划了入轨飞行轨迹。轨道转移飞行器能够到达与原目标轨道共面的次优轨道，终端轨道参数为：半长轴 44563.4 km，偏心率 0，轨道倾角 10.6°，升交点赤经 21.2°。

当轨道转移飞行器的远地点高度与轨道倾角偏差较大时，通过入轨能力评估确定处于 C 区，超出可达临界范围，规划出任务降级轨道。

在线规划能够适应不同的故障情况。通过在线求解实时得到重规划参数。在线规划方案可以自主重规划任务弹道，对于突发任务具有较强的适应性。在线规划得到的结果不唯一，需要通过松弛处理尽可能保证规划问题有解且收敛。

5.4　小　　结

本章主要介绍了运载火箭任务分区的最优轨道规划策略，应用离线与在线两种方法实现故障状态下弹道的重新规划。当运载火箭偏离预定的飞行弹道时，根据异常状况采取自适应调整入轨、弹道重规划入轨、任务降级重规划等不同的任务策略。离线重规划需要提前设计和完成诸元装订，可采用自适应伪谱法完成优化求解，重规划过程安全可靠，规划结果唯一且收敛。在线规划能够根据不同的飞行状况实时生成控制参数，可采用凸优化法完成问题求解，具有较强的任务适应性，规划结果不唯一，需要尽可能保证问题有解且收敛。通过弹道重规划技术可以实现运载火箭可达任务剖面的最大化。

参考文献

程晓明. 基于凸优化的火箭轨迹自主规划方法研究[D]. 北京:北京航空航天大学, 2018.

方群, 刘怡思, 王雪峰. 空天飞行器弹道/轨道一体化设计[J]. 航空学报, 2018, 39(4): 54-63.

马昊磊, 李学锋. 基于决策更新的多级火箭弹道重规划技术研究[J]. 航天控制, 2019,37(2): 8-14.

李学锋. 运载火箭智慧控制系统技术研究[J]. 宇航总体技术, 2018, 2(2): 43-48.

李学锋, 李超兵, 王青. 轨道转移飞行器导航与制导[M]. 北京:国防工业出版社, 2017.

邱文杰, 孟秀云. 基于hp自适应伪谱法的飞行器多阶段轨迹优化[J]. 北京理工大学学报, 2017, 37(4): 412-417.

解永锋, 周文勇, 杜大程, 等. 有限推力机动变轨能力包络快速计算分析[J]. 导弹与航天运载技术, 2017(1): 14-17.

张万里. 轨道转移飞行器的轨迹优化与制导算法研究[D]. 哈尔滨:哈尔滨工业大学, 2011.

Abdelkhalik O, Taheri E. Shape based approximation of constrained low-thrust space trajectories using fourier series[J]. Journal of Spacecraft and Rockets, 2012, 49(3): 535-546.

Alizadeh F, Goldfarb D. Second-order cone programming[J]. Mathematical Programming, 2003, 95(1): 3-51.

Gill P E, Murray W, Saunders M A. SNOPT: An SQP algorithm for large-scale constrained optimization [J]. SIAM Review, 2005, 47(1): 99-131.

Harris M W, Acikmese B. Maximum divert for planetary landing using convex optimization[J]. Journal of Optimization Theory and Applications, 2013, 162(3): 975-995.

Kuo Y J, Mittelmann H D. Interior point methods for second-order cone programming and OR applications[J]. Computational Optimization and Applications, 2004, 28: 255-285.

Li X F, Li C B. Navigation and Guidance of Orbital Transfer Vehicle[M]. Singapore: Springer, 2018.

Liu X, Lu P. Solving nonconvex optimal control problems by convex optimization[J]. Journal of Guidance, Control, and Dynamics, 2014, 37(3): 750-765.

Lu P, Griffin B J, Dukeman G A, et al. Rapid optimal multi-burn ascent planning and guidance[J]. Journal of Guidance, Control, and Dynamics, 2008, 31(6): 1656-1664.

Lu P, Pan B. Highly constrained optimal launch ascent guidance[J]. Journal of Guidance, Control, and Dynamics, 2010, 33(2): 404-414.

Ma H L, Li X F, Huang H B. A trajectory re-planning method for multi-stage rockets based on decision classification[C]//The 38th Chinese Control Conference, 2019.

Mattingley J, Boyd S. CVXGEN: A code generator for embedded convex optimization[J]. Optimization and Engineering, 2012, 13(1): 1-27.

Patterson M A. Efficient solutions to nonlinear optimal control problems using adaptive mesh orthogonal collocation methods[D]. Gainesville: University of Florida, 2013.

Patterson M A, Hager W W, Rao A V. A ph mesh refinement method for optimal control[J]. Optimal Control Applications and Methods, 2015, 36(4): 398-421.

Wang Y, Zhu Y, Jiang X, et al. Comparison of LPM, GPM and RPM for optimization of low-thrust Earth-Mars rendezvous trajectories[C]// Guidance, Navigation & Control Conference. IEEE, 2014.

后 记

运载火箭是发展空间技术、开发空间资源、确保空间安全的基础，是航天运输系统的主要组成部分。在我国从航天大国向航天强国迈进的过程中，运载火箭科技水平的提升对空间经济开发能力、工程技术综合实力、我国在国际社会上的政治影响力等方面有着重要的战略意义。为保证运载火箭高可靠地成功发射，必须在控制策略上，对惯性传感器和动力系统的故障具有足够大的容忍度。控制系统的技术水平直接决定了发射任务是否成功，同时也对运载能力是否得到最大限度的发挥有着决定性的作用。

本书对提高运载火箭系统可靠性提出了一些有效途径，在惯组故障与动力故障等情况下提出了一些合理的途径与方法，最大限度地确保飞行安全，为智慧火箭的自主控制提供思路。宇宙探索还有很多新方法、新路线值得我们继续研究。同时，现有的技术水平离高可靠的成功飞行还有差距，需要我们继续努力，提升控制系统的能力，使我们的火箭控制系统更高、更好、更智慧。